ISW 11

Berichte aus dem Institut für Steuerungstechnik
der Werkzeugmaschinen und Fertigungseinrichtungen
der Universität Stuttgart

Herausgegeben von Prof. Dr.-Ing. G. Stute

J. Waelkens

NC-Programmierung

Rechnerunterstützte Auswahl von
Fräswerkzeugen

Springer-Verlag
Berlin · Heidelberg · New York 1974

Mit 69 Abbildungen

ISBN-13: 978-3-540-07059-7   e-ISBN-13: 978-3-642-80901-9
DOI: 10.1007/978-3-642-80901-9

Vorwort des Herausgebers

Das Institut für Steuerungstechnik der Werkzeugmaschinen und Fertigungseinrichtungen der Universität Stuttgart befaßt sich mit den neuen Entwicklungen der
Werkzeugmaschine und anderen Fertigungseinrichtungen, die insbesondere durch
den erhöhten Anteil der Steuerungstechnik an den Gesamtanlagen gekennzeichnet
sind. Dabei stehen die numerisch gesteuerte Werkzeugmaschine in Programmierung, Steuerung, Konstruktion und Arbeitseinsatz sowie die vermehrte Verwendung des Digitalrechners in Konstruktion und Fertigung im Vordergrund des In-
teresses.

Im Rahmen dieser Buchreihe sollen in zwangloser Folge drei bis fünf Berichte pro
Jahr erscheinen, in welchen über einzelne Forschungsarbeiten berichtet wird. Vorzugsweise kommen hierbei Forschungsergebnisse, Dissertationen, Vorlesungsmanu-
skripte und Seminarausarbeitungen zur Veröffentlichung.

Diese Berichte sollen dem in der Praxis stehenden Ingenieur zur Weiterbildung
dienen und helfen, Aufgaben auf diesem Gebiet der Steuerungstechnik zu lösen.
Der Studierende kann mit diesen Berichten sein Wissen vertiefen.

Unter dem Gesichtspunkt einer schnellen und kostengünstigen Drucklegung wird
auf besondere Ausstattung verzichtet und die Buchreihe im Fotodruck hergestellt.

Der Herausgeber dankt dem Springer-Verlag für Hinweise zur äußeren Gestaltung
und Übernahme des Buchvertriebs.

Stuttgart, im Februar 1972

Gottfried Stute

<u>Vorwort</u>

Die vorliegende Arbeit entstand während meiner Tätigkeit
als wissenschaftlicher Mitarbeiter am Institut für Steuerungstechnik der Werkzeugmaschinen und Fertigungseinrichtungen der Universität Stuttgart.

Herrn Prof. Dr.-Ing. G. Stute, dem Leiter des Institutes,
danke ich für sein stetes Interesse und die wertvollen
Anregungen während des Entstehens dieser Arbeit
ganz herzlich.

Mein Dank gilt auch Herrn Prof.J. Peters für die eingehende
Durchsicht der Arbeit und die Vorschläge zu ihrer
Verbesserung.

Außerdem möchte ich allen Mitarbeitern des Institutes danke
die mir durch kritische Hinweise und häufige Diskussionen
sehr geholfen haben.
Dieser Dank gilt besonders Herrn Dr.-Ing. A. Storr,
Herrn Dr.-Ing. H. Eitel, Herrn Dipl.-Ing. H. Damsohn,
Herrn Dipl.-Ing. A. Berner und Herrn Quoc .

Dem Deutschen Akademischen Austauschdienst (DAAD) in
Bonn-Bad Godesberg, durch dessen Stipendium mein Aufenthal
in Deutschland teilweise ermöglicht wurde, möchte ich
an dieser Stelle meinen besonderen Dank aussprechen.

Joos Waelkens

Meiner Frau und meinen Kindern
gewidmet

Inhaltsverzeichnis

Schrifttum

[1] Weill, M.R.   Rôles et activités d'un atelier-
                         pilote et d'un centre de program-
                         mation de commande numérique.
                         CIRP Conférence Européenne Com-
                         mande Numérique des Machines-Outils
                         (1968), S.71...79.

[2] Sohlenius, G.   Workshop technology, especially
                         turning.
                         In: Numerical control programming
                         languages. Ed. by W.H.P. Leslie.
                         Amsterdam, London: North-Holland
                         publ. comp. 1970, S.268...292.

[3] Peters, J.   De mechanische produktiewerkplaats
                         in de maatschappij van morgen.
                         (Die mechanische Produktionswerkstatt
                         in der zukünftigen Gesellschaft,
                         Orig. Niederl.)
                         Onze Alma Mater, Leuven, 27(1973)
                         Nr. 3, S.139...154.

[4] Eitel, H.   NC-Programmiersystem.
                         Beitrag zur numerischen Verarbeitung
                         eines geometrischen Werkstück-
                         beschreibungssystems.
                         Stuttgart, Univ., Dr.-Ing.Diss. 1973.
                         Berlin, Heidelberg, New York:
                         Springer 1973.

[5]   Univac APT Dictionary
                         Univac Division of Sperry Rand Cor-
                         poration, U.S.A., UP-4075 Rev.2.

[6] Stute, G.   EXAPT. Möglichkeiten und Anwendung
                         der automatisierten Programmierung
                         für NC-Maschinen.
                         München: Carl Hanser 1969.

[7] Opitz, H.   EXAPT 1 Sprachbeschreibung.
    Simon, W.   Aachen: EXAPT-Verein 1969.

[8]   Werkzeugkartei EXAPT 1/EXAPT 2
                         Aachen: EXAPT-Verein 1969.

[9]   EXAPT 1 Bearbeitungskartei
                         EXAPT 1 Werkstoffkartei
                         Aachen: EXAPT-Verein 1969.

[10]   EXAPT 11 Sprachbeschreibung.
                         Vorläufige Fassung.
                         Aachen: EXAPT-Verein 1971.

[11]

EXAPT 11 Arbeitszyklenkartei.
Vorläufige Dokumentation.
Aachen: EXAPT-Verein 1972.

[12] Reckziegel, D.

Aufbau einer Werkzeug-Systematik für
numerisch gesteuerte Werkzeugmaschinen unter besonderer Berücksichtigung der maschinellen Programmierung
von Bohrwerken.
Aachen, Techn. Hochsch., Dr.-Ing.-Dis
1967.

[13]

Numerical control programming languag
Ed. by W.H.P. Leslie.
Amsterdam, London: North-Holland publ
comp. 1970, S.1...70.

[14] Kochan, D.

The SYMAP programming system.
In: Numerical control programming
languages.
Ed. by W.H.P. Leslie.
Amsterdam, London: North-Holland publ
comp. 1970, S.400...403.

[15]

2 C,L Part-Programming. Reference
Manual.
East Kilbride, Glasgow: National
Engineering Laboratory 1967.

[16] Berger,H.
     Schäfer,R.

EXAPT 1 - 2 C,L — System.
Ein Sytem zum rechnergestützten Progr
mieren 2 1/2 dimensionaler Fräs- und
Bohrbearbeitung.
Ind.-Anz. 93(1971) Nr.24, S.507...513

[17] Storr,A.
     Damsohn,H.
     Henning,H.

Möglichkeiten des fünfachsigen Fräsen
Ind.-Anz. 96(1974) Nr.15, S.353...356

[18] Stute, G.
     Opitz, H.
     Spur, G.

EXAPT 3 Sprachbeschreibung
Aachen: EXAPT-Verein 1971.

[19] Waelkens,J.

EXAPT 3 — Eine Programmiersprache
für Bohr- und 2 1/2-dimensionale
Fräsaufgaben.
Steuerungstechnik 3(1970) Nr.9,
S.296...299.

[20] Eitel,H.
     Karl,B.
     Waelkens,J.

EXAPT 3 — Rechnerunterstütztes Progra
mieren von NC-Fräs- und Bohrbearbeitu
zentren.
wt-Z.ind.Fertig. 60(1970) Nr.11,
S.629...635 und Nr.12, S.681...687.

[21] Berger, H.   Automatische Schnittwertermittlung
                          für die Fräs- und Bohrbearbeitung
                          im Hinblick auf ein Informationszentrum
                          für Zerspanungsdaten.
                          Aachen, Techn. Hochsch., Dr.-Ing.-
                          Diss., 1970.

[22] Karl, B.   Schnittaufteilung in EXAPT 3.
                          HGF-Bericht Nr.71/72, Ind.-Anz.
                          93(1971) Nr.90, S.2264,2265.

[23] Karl, B.   ZIGZAG-Bahnzerlegung in EXAPT 3.
                          HGF-Bericht Nr.71/60, Ind.-Anz.
                          93(1971) Nr.80/81, S.2030,2031.

[24] Karl, B.   Die Automatisierung der Fertigungs-
                          vorbereitung durch NC-Programmierung.
                          Stuttgart, Univ., Dr.-Ing.-Diss.1972,
                          ISW-Bericht 6.
                          Berlin, Heidelberg, New York:
                          Springer 1972.

[25] Eitel, H.   MEANDR-Bahnzerlegung in EXAPT 3.
                          HGF-Bericht Nr.70/62, Ind.-Anz.
                          92(1970) Nr.88, S.2095,2096.

[26]   Werkzeugnormen. Maschinenwerkzeuge
                          aus Schnellarbeitsstahl und Werk-
                          zeugstahl.
                          DIN-Taschenbuch Nr.6, Teil A.
                          Berlin,...: Beuth-Vertrieb GmbH 1967.

[27] Kienzle, O.   Die Bestimmung von Kräften und Leis-
                          tungen an spanenden Werkzeugen und
                          Werkzeugmaschinen.
                          Z. VDI 94(1952) Nr.11/12, S.299...305.

[28] Victor, H.   Schnittkraftberechnungen für das
                          Abspanen von Metallen.
                          wt-Z.ind.Fertig. 59(1969) Nr.7,
                          S.317...327.

[29] Weilenmann, R.   Beitrag zur Berechnung des Leis-
                          tungsbedarfs beim Fräsen.
                          Werkstatt und Betrieb 90(1957) Nr.5,
                          S.296...298.

[30]   Richtwert-Tafeln.
                          Firmenschrift der Fa. Montanwerke
                          Walter GmbH,
                          Tübingen.

[31] Degner, W.
Lutze, H.
Smejkal, E.

Spanende Formung.
5.Aufl. Berlin: VEB Verlag Technik 1

[32] Taylor, F.W.

On the art of cutting metals.
Trans. ASME 28(1907) Nr.31, S.279.

[33] Hirsch, B.

Ein System zur Ermittlung von Zer-
spanungsvorgabewerte insbesondere
bei rechnergestützter Programmierung von numerisch gesteuerten Dreh-
maschinen.
Aachen, Techn. Hochsch., Dr.-Ing.-
Diss. 1969.

[34] König, W.
Depiereux, W.R.

Wie lassen sich Vorschub und Schnittgeschwindigkeit optimieren?
Ind.-Anz. 91(1969) Nr.61, S.1481...
1484.

[35] Degenhardt, U.

Die Bedeutung des Werkzeugverschleißes im Hinblick auf eine
Optimierung der Zerspanungsbe-
dingungen.
Ind.-Anz. 90(1968) Nr.93, S.2055...
2060.

[36] Peters, J.
Dumong, W.
Maris, M.

Recommended cutting data for steels
and cast irons based on a compa-
rative study.
Paper CRIF Nr. MC41.
Brussel: CRIF 1972.

[37] Haidt, H.

Wirtschaftlicher Fräsen mit Hart-
metallwerkzeugen.
Stuttgart: Technischer Verlag
Günther Grossmann GmbH. 1968.

[38] Burmester, H.J.

Richtwerte für das Fräsen von Grauguß und Stahl mit Hartmetall-Mes-
serköpfen.
Ind.-Anz. 54(1962) Nr.6, S.1326,1327.

[39]

Fräswerkzeuge.
Firmenschrift der Fa. Prototyp,
Zell a. Hamersbach: 1966.

[40] Victor, H.

Adaptive Control — Versuch einer
einheitlichen Begriffsbestimmung.
wt-Z.ind.Fertig. 60(1970) Nr. 11,
S.665.

[41] Mayer, K.

Schnittkraftmessungen an der ro-
tierenden Frässchneide.
Stuttgart, Univ., Dr.-Ing.-Diss.1968.

[42]

ACO-Regelungen für Fräsmaschinen.
Unveröffentlichte Unterlagen zu
Sitzungen der Gruppe PDV-ACO-Fräsen/
Bohren, am 26.1. (10.5.) 8.10.73
in Stuttgart und Karlsruhe

[43] Budde, W.

Arbeitsablauf- und Werkzeugermittlung
für die Drehbearbeitung. Ein Beitrag
zur Automatisierung der Fertigungsplanung.
Aachen, Techn. Hochsch., Dr.-Ing.-
Diss. 1970.

[44] Witthoff, J.

Die rechnerische Ermittlung der
günstigsten Arbeitsbedingungen bei
der spanabhebenden Formung.
Werkstatt u. Betrieb 80(1947) Nr.4,
S.77...84.

[45] Witthoff, J.

Die Ermittlung der günstigsten Arbeitsbedingungen bei der spanabhebenden Formgebung.
Werkstatt u. Betrieb 85(1952) Nr.10,
S.521...526.

[46] Witthoff, J.

Ergänzende Betrachtungen zur Er-
mittlung der günstigsten Arbeits-
bedingungen bei der spanenden
Formgebung.
Werkstatt u. Betrieb 90(1957) Nr.1,
S.61...68.

[47]

Bericht über das 13.Aachener Werk-
zeugmaschinenkolloquium 1968.
Technologie der Bearbeitungsverfahren.
Ind.-Anz. 90(1968) Nr.76, S.1705...
1709.

[48] Waelkens, J.

CLDATA-Beschreibung.
Stuttgart: Institut für Steuerungstechnik 1972.

[49] Grupe, U.

Untersuchungen über die rechnerun-
abhängige Konzeption fertigungstech-
nischer Programmsysteme.
Aachen, Techn. Hochsch., Dr.-Ing.-
Diss. 1970.

[50] FORTRAN Reference Manual
      Models 72, 73, 74 Version 2.3
      6000 Version 2.3.
      Firmenschrift der Control Data Cor-
      poration.
      Publication No.60174900.
      California: 1972.

[51] Siemens System 4004
      Betriebssystem BS 2000 Beschreibung.
      Firmenschrift der Fa. Siemens.
      Bestell-Nr. D 14/4397.
      München: 1973.

[52] Introduction to Virtual Storage in
      System/370.
      Firmenschrift der Fa. IBM.
      Publication No. GR 20-4260-1.
      New York: 1973.

[53] Virtueller Speicher und virtuelle
      Maschinen - ein modernes Konzept
      für Hardware und Software.
      IBM-Nachrichten 22(1972) Nr.212,
      S.349...365.

[54] Raffoul, B.   OS/VS1 bei der Zahnradfabrik Fried-
     Fink, U.   richshafen AG.
                      IBM-Nachrichten 23(1973), Nr.216,
                      S.704,705.

[55] Kochan, D.   Flexible technological programming
     Bock, H.J.   systems by a generating modular
                      structure, shown by an example of
                      copy-turning.
                      In: Computer Languages for numerical
                      Control. Ed. by J. Hatvany.
                      Amsterdam, London: North-Holland
                      publ. comp. 1973, S.371...381.

[56] Brechtel, H.H. Modulartechnik - Zukunftsweg der
                      NC-Programmierung.
                      TZ f. prakt. Metallbearb. 67(1973)
                      Nr.6, S.240...245.

[57] Adamczyk, P.   Programmiersystem nach Maß.
     Brechtel, H.H.   Maschinenmarkt/Mm-Industrie-Journal
                      77(1971) Nr.77, S.1766...1768.

[58] Brechtel, H.
     Klauke, A.

Rationelles Programmieren mit
BASIC-EXAPT - Einfach, wirtschaft-
lich, ausbaufähig.
TZ f. prakt. Metallbearb. 67(1973)
Nr.1, S.30...34.

[59] Herold, H.H.
     Maßberg, W.
     Stute, G.

Die numerische Steuerung in der
Fertigungstechnik.
Düsseldorf: VDI-Verlag 1971.

[60] Stehle, P.

Eine Methode zur Wirtschaftlichkeits-
rechnung unter besonderer Berücksichtigung des Einsatzes numerisch
gesteuerter Werkzeugmaschinen.
Aachen, Techn. Hochsch., Dr.-Ing.-
Diss. 1966.

[61] Witthoff, J.

Der kalkulatorische Verfahrens-
vergleich.
Das Refa-Buch, Bd.5,
München: Carl Hanser Verlag 1956.

[62] Siegerist, M.
     Foellmer, R.
     Langheinrich, G.

Die neuzeitliche Vorkalkulation
der spangebenden Fertigung im Maschinenbau.
Berlin: Technischer Verlag Herbert
Cram 1963.

[63] VDI 3258,
     Blatt 1.

Kostenrechnung mit Maschinenstun-
densätzen, Begriffe, Bezeichnungen,
Zusammenhänge.
Ausgabe Oktober 1962.

[64] VDI 3258,
     Blatt 2.

Kostenrechnung mit Maschinenstun-
densätzen, Erläuterungen und Beispiele.
Ausgabe März 1964.

[65] Field, M.
     Zlatin, N.
     Williams, R.
     Kronenberg, M.

Computerized Determination and
Analysis of Cost and Production
Rates for Machining Operations:
Part 2 - Milling, Drilling, Reaming,
and Tapping.
Journal of Engineering for Industry
91(1969) 3, S.585...596.

[66] Bauer, E.
Beitrag zur Systematik und Auslegung rechnergeführter Steuerungssysteme.
Unveröffentlichte Arbeit des Instituts für Steuerungstechnik der Universität Stuttgart 1974.

[67]
Stock Taschenbuch.
Firmenschrift der Fa. Stock AG.
Berlin.

[68] Brechtel, H.
EXAPT im Rahmen der NC-Technik.
Vortrag gehalten in Frankfurt am 11.5.1973 auf der EXAPT-Hauptversammlung.

[69] Sass, F.
Bouché, Ch.
Leitner, A.
Dubbels Taschenbuch für den Maschinenbau.
Bd. 2, 12.Aufl.
Berlin, Heidelberg, New York:
Springer 1966.

[70] Hütte
Taschenbuch für Betriebsingenieure.
Bd. 1, 6.Aufl.
Berlin, München: Verlag Ernst u.
Sohn. 1964.

[71] DIN 66215
(Entwurf)
CLDATA
Programmierung numerisch gesteuerter Arbeitsmaschinen.
Berlin: Beuth-Vertrieb GmbH.1973.

[72] Möller, P.D.
Kunzendorf, J.
Das Programmiersystem EXAPT 1.1.
TZ f. prakt. Metallbearb. 67(1973)
Nr. 5, S.198...202.

[73]
Firmenschrift der Fa. Karl Hüller GmbH., Ludwigsburg

[74]
Firmenschrift der Fa. Ludwigsburger Maschinenbau GmbH., Ludwigsburg.

[75] Kronenberg, M.
Grundzüge der Zerspanungslehre.
Teil III — Mehrschneidige Zerspanung.
Berlin, Göttingen, Heidelberg:
Springer 1969.

[76] Koenigsberger, F.
Berechnung, Konstruktionsgrundlage und Bauelemente spanender Werkzeugmaschinen.
Berlin, Göttingen, Heidelberg:
Springer 1961.

<u>Zeichenerklärung</u>

1. <u>Formelzeichen</u>

a	m	Schnittiefe
A_B	DM	Beschaffungswert der Maschine
a_i		Vektor
A_W	DM	Wiederverkaufswert der Maschine
A_Z	m^2	Größe der Grundfläche des zu zerspanenden Zylinders
B		Basiskennzahl einer Schicht
b	m	Spanungsbreite
b_{geom}	m	geometrische Schneidenbreite
b_i		Vektor
b_{zul}	m	zulässige Schneidenbreite
C		Standzeitkonstante
c_a	m	Sicherheitsabstand
c_i		Vektor
c_F, c_V		Umrechnungsfaktoren (s. Kap.3.2.1 und Kap.3.2.2)
$1-c$	Exponent	Anstiegsfaktor
d	m	Durchmesser
e	m	Eingriffsgröße
e_E	DM/kWh	Preis je Energieeinheit
e_z		Einheitsvektor
F	N	Schnittkraft
g_s		Lohngemeinkostenfaktor
h	m	Spanungsdicke
i_p	DM/m^2·Jahr	Platzkostenfaktor
i		Zähler

K_A	DM/h	kalkulatorische Abschreibungskosten
K_{AW}	DM	Auftragswiederholkosten
K_E	DM/h	Energiekosten
K_e	DM	Einzelkosten
K_{FL}	DM	Fertigungslohnkosten
K_{Fo}	DM	Folgekosten
K_I	DM/h	Instandhaltungskosten
K_M	DM	Maschinenkosten
K_{Ms}	DM/s	Maschinenkosten pro Zeiteinheit
K_{prog}	DM	Programmkosten
K_R	DM	Raumkosten
K_s	DM/s	Schleifkosten pro Zeiteinheit
Ks_i		Kennzahl der i. Schicht
K_{St}	DM	Herstellkosten pro Stück
$k_{s1.1}$	N/m^2	spezifische Schnittkraft
K_{Vo}	DM	einmalige Vorbereitungskosten
K_w	DM	Werkzeugkosten
K_{wb}	DM	Kosten der Werkzeugbereitstellung
K_{wh}	DM/h	Werkzeugkosten pro Stunde
K_{ws}	DM/s	Werkzeugkosten pro Zeiteinheit
K_{ww}	DM	Werkzeugwechselkosten
K_Z	DM/h	kalkulatorische Zinsen je Maschinenstunde
L		Losgröße
L_s	DM/h	Stundenlohn des Bedienungspersonals
L_Z	m	Umfang der Grundfläche des zu zerspanenden Zylinders
L_1	m	Breitschlichtnebenschneide
M	Nm	Drehmoment
n	U/s	Drehzahl
n_g		Gesamtstückzahl
n_s		Anzahl der möglichen Nachschliffe
N_u	Jahr	Nutzungsdauer der Maschine
n_1		Zähler

p	%	Zinssatz
P	W	Spindelleistung der Werkzeugmaschine
P_a	W	Energieanschlußwert der Maschine
r	m	Werkzeugradius
R_a	DM/Jahr	jährliche Instandhaltungskosten
R_b	m^2	Platzbedarf der Maschine
r_R	m	Rundungsradius
s	m/ U	Vorschub
s_{ind}	m	Verfahrweg bei der im Index spezifizierten Bearbeitung
s_{phi}		Maximum der Summe aller $\sin(\varphi_i)$-Werte
s_s	m	Schnittvorschub
s_z	m/Zahn	Vorschub pro Zahn
T	s	Standzeit
T_f	h/Jahr	Nutzungsdauer pro Jahr
t_h	s	Hauptzeit
t_{nv}	s	verfahrensabhängige Nebenzeit
t_{ww}	s	Mittlere Werkzeugwechselzeit
t_1 ⋮ t_4		technologische Ablaufparameter
u	m/s	Vorschubgeschwindigkeit
$ü$		Überdeckungsgrad
v	m/s	Schnittgeschwindigkeit
VB	m	Verschleißmarkenbreite
W_a	DM	Anschaffungspreis des Werkzeuges
W_s	DM	Kosten pro Nachschliff
W_T	DM	Kosten pro Standzeit
W_u	DM	Restwert des Werkzeuges
z		Zähnezahl
z_{ie}		Zähne im Eingriff

$\alpha, \beta, \gamma, \delta, \varepsilon$		Exponenten der erweiterten Taylor-Gleichung
γ	Grad	Spanwinkel
$\varkappa$	Grad	Einstellwinkel an der Hauptschneide
η		Ausnutzungsgrad
λ	Grad	Neigungswinkel
φ_i	Grad	Eingriffswinkel
φ_s	Grad	Schnittwinkel

2. Indizes

akt	aktuell
ar	beim Abarbeiten der Restpartie
erf	erforderlich
es	beim Ausräumen der Eintauchstelle
ks	beim Konturschnitt
max	maximal
min	minimal
rad	radial

3. Abkürzungen

Abst	Abstand
CLDATA	Cutter Location DATA
CP	Central Processor (Zentraleinheit)
EXZ(I)	Krümmung des I. Konturelementes
IANF(I)	Anfangsadresse der I.Kontur in der Konturtabelle
IEND(I)	Endadresse der I. Kontur in der Konturliste
IO	Input/output (Ein- und Ausgabe)
KEF	Kürzeste Entfernung
LAFI	Größtes Werkzeug zuerst
PP	Postprocessor (Anpassungsprogramm)

SMAFI	kleinstes Werkzeug zuerst
X	Koordinatenachse; Abszisse
X(I)	X-Koordinate des Anfangspunktes des I.Konturelementes
XM(I)	Geradennormalenvektorkomponente des I.Konturelementes X-Koordinate des Kreismittelpunktes des I.Konturelementes
Y	Koordinatenachse; Ordinate
Y(I)	Y-Koordinate des Anfangspunktes des I.Konturelementes
YM(I)	Geradennormalenvektorkomponente des I.Konturelementes; Y-Koordinate des Kreismittelpunktes des I.Konturelementes
Z	Koordinatenachse; Koordinatenwert

4. Programmnamen

APT	Automatically programmed tools
BAP	Bereichsaufteilungsprogramm (Werkzeugsuche
CONMIL	Konturfräsen
EQUI	Äquidistantenermittlungsprogramm
EX1	Technologieprogramme für das Bohren
EX3	Bahnzerlegungs- und Schnittwertermittlungsprogramm für das Fräsen
GEO	Geometrieverarbeitungsprogramm
MASTER	Hauptverwaltungsprogramm
MEANDR	Bahnzerlegungsprogramm für die mäanderförmige Abarbeitung
MILTEC	Technologieprogramm für das Fräsen
SAP	Schnittaufteilungsprogramm
TEC3	Frästechnologieprüfprogramm
SNIMOD	Schnittwertermittlungsprogramm
TEPRO	Verwaltungsprogramm des Technologieverarbeitungsprogramm
ZIGZAG	Bahnzerlegungsprogramm für pendelförmiges Fräsen

5. <u>Verwendete EXAPT-Sprachworte</u>

ATANGL	unter einem Winkel
CONMIL	Konturfräsen
CUTDEP	Schnittiefe
DECRES	abnehmend
DIPFED	Vorschub beim Eintauchen
DIPRAP	Eilgang beim Eintauchen
DWNCUT	Gleichlauffräsen
FACMIL	Planfräsen
FEED	Vorschub
FIN	geschlichtet
FINE	feingeschlichtet
INCRES	zunehmend
LFTLIM	links begrenzt
MACHIN	Werkzeugmaschine
MEANDR	mäanderförmig
ONLIM	auf der Kontur
RGTLIM	rechts begrenzt
SO	Einzelbearbeitung
SPEED	Schnittgeschwindigkeit
SWATH	Überdeckungsgrad
TOOL	Werkzeug
UNLIM	nicht begrenzt
UPCUT	Gegenlauffräsen
XPAR	parallel zur X-Achse
YPAR	parallel zur Y-Achse
ZIGZAG	pendelförmig

1. <u>Einleitung</u>

Der ständig steigende Einsatz hochautomatisierter Fertigungseinrichtungen verlagert immer mehr Aufgaben von der Fertigung in die Fertigungsvorbereitung. Die schnelle Entwicklung
und Verbreitung von elektronischen Datenverarbeitungsanlagen
(DVA) als Hilfsmittel einer rationellen Fertigungsvorbereitung sowie die Erstellung von anwenderbezogener Software
hatten einen nicht geringen Einfluß auf diese Verlagerung.
Zu dieser Software gehören eine Fülle von Programmiersystemen, die zur Automatisierung von Aufgaben der Fertigungsvorbereitung insbesondere der Fertigungsplanung eingesetzt werden. <u>Bild 1/1</u> zeigt eine Gliederung dieser Aufgaben in Un-
tergruppen [1,2].
Die Programmiersysteme unterscheiden sich nicht nur in der
erreichten Automatisierungsstufe, sondern auch im Anwendungs-
bereich. Im Bereich der rechnerunterstützten Steuerdatener-
stellung für Bohr- und Drehbearbeitungen gibt es eine Reihe
Programmiersysteme, die zum Teil eine Automatisierung bis
zur Stufe sechs (Bild 1/1) aufweisen.
Für das Fräsen dagegen wird zur Zeit nur die Automatisierungsstufe zwei erreicht. Da die Entwicklung höher automa-
tisierter Programmiersysteme für Fräsbearbeitungen ein viel-
gestaltiges, umfangreiches und dringliches Problem ist, wurden an verschiedenen Stellen bereits Teilprobleme gelöst.
Diese Teillösungen sind abgestimmt auf Werkstücke, bei denen sich das zu zerspanende Volumen (die Bearbeitungsstelle)
aus senkrecht abgeschnittenen Zylindern zusammensetzen läßt.
Dabei sind die Programme in der Lage, die Verfahrwege für die
vollständige Zerspanung eines solchen Zylinders mit nur einem einzigen Fräswerkzeug zu ermitteln. Demzufolge ist es
nicht ohne weiteres möglich, mehrere Werkzeuge an einer Bearbeitungsstelle einzusetzen. Die Geometrie der Bearbeitungsstelle und nicht die Leistungsfähigkeit der Werkzeuge und
der Werkzeugmaschine bestimmt die Größe des Werkzeuges.

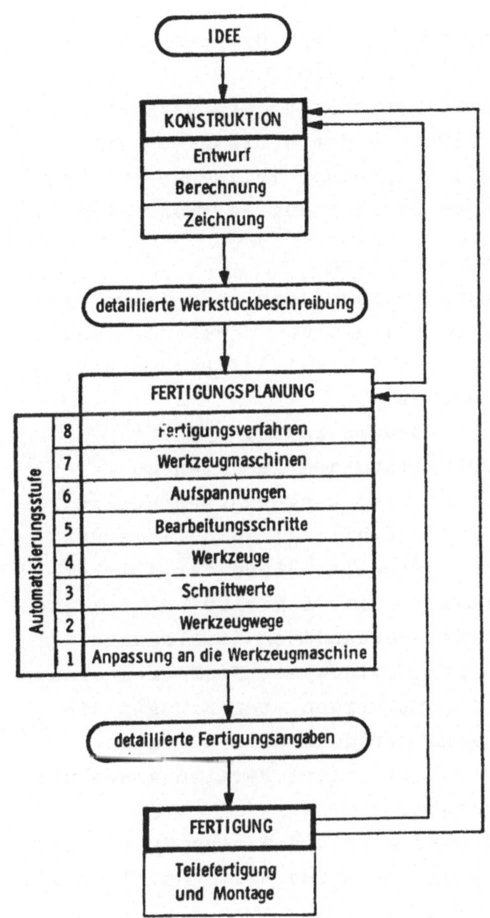

Bild 1/1:
Informationsfluß von
der Idee bis zum
fertigen Produkt [1,2]

Diese Eigenschaft hat sich als sehr nachteilig erwiesen.
Ziel der vorliegenden Arbeit ist es, ein Verfahren zur rechnerunterstützten Auswahl von mehreren Werkzeugen pro Bearbeitungsstelle zu entwickeln.

Die Auswahlkriterien lassen sich in zwei Gruppen unterteilen:
- die technologischen Kriterien
  Sie gehen von den Eigenschaften des Werkzeuges,
  der Werkzeugmaschine und des Werkstoffes aus. Sie
  ermöglichen die Bildung einer Teilmenge von Werkzeugen, die für die Bearbeitung in Frage kommen.

- die geometrischen Kriterien
  Aus dieser Teilmenge werden nach geometrischen
  Gesichtspunkten die endgültigen Werkzeuge ausgewählt. Der Ausgangspunkt dabei ist eine Analyse
  der Bearbeitungsstelle.

Nicht nur die Auswahl von Werkzeugen ist Ziel dieser
Arbeit, sondern auch die Aufteilung des gesamten zu zerspanenden Volumens in einzelne, den ausgewählten Werkzeugen
zugeordnete Teilbereiche. Die Aufteilung, Aktualisierung
genannt, führt Buch über den aktuellen Stand der Abarbeitung und legt den Arbeitsablauf fest. Das hier entwickelte
Verfahren muß zusammen mit den vorhandenen Teillösungen
zu einem leistungsfähigen Programmiersystem zusammengebaut
und auf einer DVA implementiert werden. Der Einsatz dieses Systems in der Praxis kann nur dann sinnvoll sein,
wenn es eine erheblich wirtschaftlichere Fertigung als mit
den bisherigen Systemen erlaubt.
Aus diesem Grund wird in dieser Arbeit das neue System mit
der bisherigen Lösung in Bezug auf seine Wirtschaftlichkeit
verglichen.

Der erzielbare Gewinn allein motiviert jedoch noch nicht
den Einsatz einer technischen Innovation; sie muß auch den
Belangen des Menschen dienen und seine intellektuellen
und moralischen Bedürfnisse befriedigen.

Nur unter Berücksichtigung dieser Wechselwirkung von
Technik und Gesellschaft dürfen diese Innovationen entwickelt und angewendet werden [3].
Die Einführung hochautomatisierter und zeitsparender Fer-
tigungssysteme ermöglicht eine Verschiebung im Auf-
gabengebiet des Menschen von schwerer Handarbeit und von
eintönigen Routinearbeiten zugunsten schöpferischerer
Tätigkeiten im Rahmen eines breiteren, umfassenden Arbeits-
gebiets.

2. Stand der Technik.

Alle Programmiersysteme, die zur Automatisierung der im
__Bild 1/1__ gezeigten Aufgaben der Fertigungsplanung erstellt
wurden, haben den gleichen Aufbau.
Nach einer definierten Eingabevorschrift (Programmiersprache) formuliert der Teileprogrammierer die Bearbeitungsaufgabe für ein Werkstück. Diese Formulierung der
Bearbeitungsaufgabe heißt Teileprogramm. Die zur Verarbeitung des Teileprogramms benötigten Programme lassen
sich in zwei größere Programmkomplexe zusammenfassen.
Diese können ihrerseits wiederum in Subkomplexe unterteilt werden.
Das Teileprogramm ist die Eingabe für den ersten Komplex,
Processor oder Compiler genannt. Die Ausgabedaten des
ersten Verarbeitungsschrittes sind in der CLDATA-Sprache
(Cutter Location Data) formuliert. Die CLDATA-Sprache befindet sich in der Normung [71]. Diese usgabedaten bilden die Eingabe für den zweiten Programmkomplex (Postprocessor), der die Umwandlung dieser Eingabedaten in spezifische Steuerdaten für numerisch gesteuerte Arbeitsmaschinen durchführt.
Im folgenden Abschnitt wird auf bestehende Programmiersysteme für Bohr- und Fräsaufgaben sowie auf die erreichbare Automatisierungsstufe eingegangen.

2.1. Entwicklungsstand der Programmiersysteme.

In den Jahren 1957 bis 1963 wurde in den USA eine Viel-
zahl von Programmiersystemen entwickelt. Am verbreitetsten
ist APT (Automatically Programmed Tools) [5]. Bei der
Anwendung von APT muß der Teileprogrammierer alle Werk-
zeugverfahrwege einzeln und explizit angeben. Dadurch ist
es zwar prinzipiell möglich, alle numerisch gesteuerten

Werkzeugmaschinen zu programmieren, jedoch erlaubt APT
nur die Automatisierung der Stufen 1 und 2. Dieses System war die Ausgangsbasis für die Entwicklung vieler
neuer Programmiersysteme . Einige dieser Neuentwicklun-
gen beabsichtigen durch die Einschränkung der Beschrei-
bungsmöglichkeiten eine Vereinfachung des Verarbeitungs-
programms und dadurch eine billigere Verarbeitung. Andere
dagegen orientieren sich auf einen bestimmten Anwendungs-
bereich und streben dabei eine höhere Automatisierungsstufe an.
Zur Programmierung von Bohrbearbeitungen stellt EXAPT 1
ein hoch automatisiertes System dar[6,7]. Ausgehend von
der Beschreibung der Bearbeitungsstelle und der Bearbeitungsart kann das Rechnerprogramm den gesamten Arbeits-
zyklus, d.h. alle Werkzeuge, alle Zerspanungsgrößen und
Verfahrwege ermitteln. Diese Ermittlungsverfahren lau-
fen nach einem bestimmten, im Verarbeitungsprogramm fest-
gelegten Schema ab. Voraussetzung für dieses System ist
allerdings die Aufstellung und Abspeicherung einer Werk-
zeug-, Werkstoff- und Bearbeitungskartei [8,9].
Zur Berücksichtigung betriebsinterner Daten und firmen-
spezifischer Erfahrungen wurde das EXAPT 1 System erwei-
tert [10]. Dieses System, EXAPT 1.1 bezeichnet, setzt dabei zusätzlich eine Arbeitszyklenkartei ein, die es dem
Anwender erlaubt, die Arbeitszyklen flexibel zu gestal-
ten [11]. Mit diesem Verfahren wird für die Programmierung von Bohrbearbeitungen eine Automatisierung bis zur
Stufe 5 erreicht. Im Gegensatz dazu ist die Teileprogrammierung von Fräsvorgängen mit EXAPT 1.1 nur bedingt
möglich. Der Teileprogrammierer muß das einzusetzende
Werkzeug und seine Einsatzbedingungen festlegen. Er kann
lediglich den Verfahrweg des Werkzeuges entlang der
im Teileprogramm definierten Geraden und Kreisen angeben.

Dieses Verfahren wird allgemein mit dem Begriff Fahran-
weisungen gekennzeichnet und entspricht der Methode in
APT.
Zur Beurteilung des Stands der Technik auf dem Gebiet der
Programmiersysteme für das Fräsen sind die einzelnen
Fräsarten zu betrachten. In [12] wird unterschieden zwi-
schen ein-, zwei- und mehrdimensionalem Fräsen. Der ein-
dimensionale Fräsvorgang ist gekennzeichnet durch die
Vorschubbewegung in einer Achsrichtung. Der Fräser er-
zeugt eine Form, die normal zur Vorschubbewegung dem
Längsschnitt des Werkzeuges entspricht. Ein typisches
Beispiel für dieses Verfahren ist das Fräsen achsparal-
leler Nuten. Das Programmieren mit Fahranweisungen (z.B.
EXAPT 1.1) bietet sich in diesem Fall geradezu an, weil
sowohl das Werkzeug als auch der Verfahrweg durch die
Form und die Lage der Nut eindeutig festliegen. Bei der
zweidimensionalen Werkzeugführung wird das Werkzeug in
zwei Achsen bahngesteuert. Dient dabei die dritte Achse,
senkrecht zu den bahngesteuerten Achsen, der Zustellung,
so spricht man vom 2 1/2 dimensionalen Fräsen. Für die
Zustellung kann das Werkzeug am Anfangspunkt der Verfahrwege in den beiden anderen Achsen positioniert werden.
Da der Ausdruck "2 1/2 dimensional" zu Mißverständnissen
führt, wird allgemein der Begriff "zweidimensionale
Werkzeugführung" verwendet.

Bezogen auf die zu erzeugende Fläche sind prinzipiell
zwei Bearbeitungsaufgaben möglich:
    Konturfräsen
    Planfräsen
Beim Konturfräsen ist die zu erzeugende Fläche die Mantelfläche eines senkrecht abgeschnittenen Zylinders und ist
parallel zur Werkzeugachse (contouring).

Beim <u>Planfräsen</u> liegt die zu erzeugende Fläche senkrecht
zur Werkzeugachse (face milling).
Eine Kombination von beiden ist das <u>Taschenfräsen</u>, das
Erzeugen des Taschenrandes ist ein Konturfräsen, das Aus-
räumen ein Planfräsen.
Das repräsentative Beispiel für das Konturfräsen ist die
Fertigung von Kurvenscheiben. Für die Programmierung die-
ser Teile werden sehr viele Systeme angeboten, die zum
Teil sogar Aufgaben der Konstruktion (Berechnen, Zeichnen)
übernehmen [13]. Für das Plan- und Taschenfräsen wiederum
gibt es eine Reihe von Systemen, die jedoch sehr vielen
Einschränkungen unterliegen, z.B. SYMAP, APT-POCKET,
2 C,L, EXAPT 3.
So können beim SYMAP(S)-System nur streckengesteuerte
Maschinen programmiert werden [14].
Ausgehend von der Beschreibung des ausschließlich aus
Geraden zusammengesetzten Randes einer konvexen Tasche
und von der Angabe des Werkzeugdurchmessers bestimmt
POCKET, eine Untermenge von APT, alle erforderlichen Ver-
fahrwege zur Zerspanung dieser Tasche [5].
Bei 2 C,L, einem in Großbritannien entwickelten Program-
miersystem, entfällt die Bedingung, daß der Taschenrand
konvex sein muß, jedoch darf die im Teileprogramm definierte Bearbeitungsstelle keine Engstelle aufweisen, und
das Werkzeug sowie die Schnittwerte sind explizit anzugeben [15, 16].
Bei den hier als repräsentativen Beispielen angedeuteten
Systemen wird höchstens ein Automatisierungsgrad der
Stufe 2 erreicht.
Als bisher umfangreichstes Projekt wurde EXAPT 3 in sei-
ner ersten Version auf der 1.Internationalen Hannover
Ausstellung im Jahre 1970 vorgestellt. Diese Version be-
stand aus der Verknüpfung einer Reihe von Teillösungen,
worauf im nächsten Abschnitt eingegangen wird.

Für die drei- und mehrdimensionale Werkzeugführung zur
Herstellung gekrümmter Flächen wurden eine Reihe von
Programmiersystemen entwickelt. Diese unterscheiden sich
in den Ausgangsdaten, der Art der numerischen Flächen-
darstellung und der Fräsbahnbestimmung [17].

2.2. Entwicklungsstand des EXAPT 3-Systems.

Die gleichzeitige Lösung aller Teilaufgaben im Rahmen
des Gesamtsystems kann wegen des Umfanges und der Komplexität
der verschiedenen Teilprobleme nur unter großem finanziel-
len und personellen Aufwand erreicht werden. Aufgrund
dessen entwickelten verschiedene Institute und Firmen
folgende Teillösungen:
        o. Sprachbeschreibung
        1. Geometrisches Verarbeitungsprogramm
        2. Schnittaufteilungsprogramm
        3. Bahnzerlegungsprogramme
        4. Schnittwertprogramm

- Sprachbeschreibung

Die Programmiersprache, deren Syntax (Regeln) und Seman-
tik (Inhalt) in der Sprachbeschreibung [18] festgelegt
sind, erlaubt die rechnergerechte Beschreibung der Fertigungsaufgabe.
Dazu gehört prinzipiell für jede Teilaufgabe:
    - die Definition der Bearbeitungsstelle und der Bear-
             beitungsart,
    - der Aufruf der Bearbeitungsart und der Bearbeitungs-
             stelle.
Durch die Reihenfolge der Aufrufe im Teileprogramm bestimmt der Teileprogrammierer den Arbeitsablauf.

Ausgangspunkt für die Beschreibung einer Fräsbearbeitungs-
stelle ist die Konturbeschreibung. Jede Kontur liegt in
der X-Y-Ebene und besteht aus einer Verknüpfung vorher
definierter Geradenstücke und Kreisbögen. Diese Kontur
stellt die Projektion der Mantelfläche eines Zylinders
dar. Die räumliche Ausdehnung dieses Zylinders ist in der
Z-Richtung durch die Angabe von zwei Z-Koordinaten begrenzt. Durch Zusatzangaben, wie z.B. Lage des Rohteils
bezüglich der beschriebenen Kontur, Verknüpfung einzelner
Zylinder zu komplexeren Gebilden, maximale Aufmaßstärke
beim Konturfräsen, usw. ist der Teileprogrammierer in
der Lage, das gesamte zu zerspanende Volumen ausreichend
zu beschreiben [19].
Den Aufbau einer Definition der Bearbeitungsart zeigt
Bild 2/1.

Modifikatoren			CONMIL	FACMIL	
				Bahnzerlegungsverfahren	
				MEANDR	ZIGZAG
Einzelbearbeitung		SO	●	●	●
Werkzeugidentnummer		TOOL, we, wf	●	●	●
Korrekturschalter		OSETNO, nl, nd	O	O	O
Eingriffsgröße		SWATH, wl	●	O	O
Vorschub		FEED, ws	O	O	O
Spindeldrehzahl		SPEED, wv	O	O	O
Eintauchgeschwindigkeit	Eilgang	DIPRAP	O	O	O
	Arbeitsgang	DIPFED, wg			
Schnittiefe		CUTDEP, wt	O	O	O
Oberflächengüte	Schruppen	ROUGH	●	●	●
	Schlichten	FIN			
	Feinschlichten	FINE			
Konturschnitt am Anfang		DECRES	—	●	O
Konturschnitt am Ende		INCRES			
Gleichlauffräsen		DWNCUT	O	O	O
Gegenlauffräsen		UPCUT			
Vorschubrichtung		XPAR	—	—	●
		YPAR			
		ATANGL, wα			

● muß angegeben werden; O kann angegeben werden; — darf nicht angegeben werden;

Bild 2/1: Definition der Bearbeitungsart

Bei allen Bearbeitungsarten handelt es sich um Einzelbe-
arbeitungen und nicht um Bearbeitungszyklen (Single
Operation - Sprachwort SO), d.h. mit jeder Bearbeitungsstelle ist nur eine einzelne Bearbeitungsart aufrufbar
und bei jeder Definition einer Bearbeitungsart ist das
Werkzeug explizit anzugeben. Daraus folgt, daß pro
Bearbeitungsstelle nur ein Werkzeug eingesetzt werden kann.

- <u>Geometrisches Verarbeitungsprogramm</u>

Der Geometriecompiler, als erster Teil des Verarbeitungs-
programms, geht vom Teileprogramm aus. Aufgabe dieses
Teiles ist es, durch die Verarbeitung von Schleifen, Sprün-
gen und Unterprogrammen den Programmablauf zu lineari-
sieren und die Definitionsvielfalt bei der Beschreibung
der Bearbeitungsstellengeometrie auf eine festgelegte,
kanonische Form zu reduzieren [20]. Das Ergebnis dieser
Verarbeitungsphase, die CLDATA 1, wird in einem festen
Format auf einen peripheren Speicher abgelegt.

- <u>Schnittaufteilungsprogramm</u>

Da das **EXAPT** 3-Konzept für NC-Werkzeugmaschinen mit zwei
bahngesteuerten und einer streckengesteuerten Achse kon-
zipiert ist, erfolgt die Bearbeitung in Schichten, parallel zur X-Y-Ebene. Die Abarbeitung der einzelnen Schichten erfolgt bahngesteuert, die Zustellung von Schicht zu
Schicht erfolgt streckengesteuert.
Die Schnittaufteilung ermittelt aus der vorgegebenen
Konturkonstellation solche Zerspanungsvolumina, die bezüglich ihrer Z-Ausdehnung (vertikal) konstanten Querschnitt aufweisen. Jedes dieser Volumina kann nun seiner-
seits in eine Anzahl von gleichen Einzelschichten zerfal-

len, wenn die Dicke des Zerspanungsvolumens die vom vorgegebenen Werkzeug her bekannte Fräsereinsatztiefe überschreitet [22] (Bild 2/2).

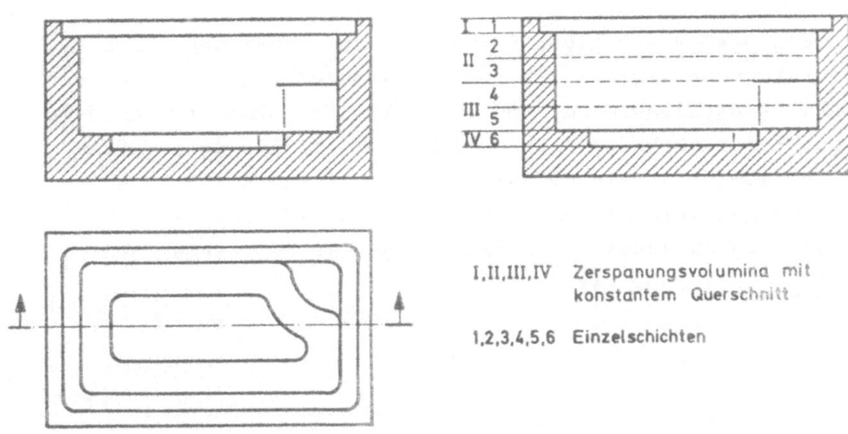

Bild 2/2: Schnittaufteilung nach [22].

- <u>Bahnzerlegungsprogramme</u>

Im Rahmen des EXAPT 3-Konzeptes sind zur Abarbeitung der
vom Schnittaufteilungsprogramm ermittelten Schichten 2
Abarbeitungsarten vorgesehen:

        Konturfräsen   (CONMIL)
        Planfräsen   (FACMIL)

Wobei für das Planfräsen ebenfalls 2 Varianten vorliegen:

        Mäanderförmige Abarbeitung (MEANDR-Methode)
        Pendelförmige Abarbeitung (ZIGZAG-Methode)

Die Bahnzerlegungsprogramme bestimmen die erforderlichen
Verfahrwege (Bahnen) zur vollständigen Zerspanung einer
Schicht gemäß der gewünschten Bearbeitungsart.

Beim <u>Konturfräsen</u> kann sich der Werkzeugmittelpunkt entweder auf der programmierten Kontur (Nutenfräsen) oder
auf einer zur programmierten Kontur äquidistanten Bahn
(Kurvenfräsen) bewegen.

Die <u>ZIGZAG-Bearbeitung</u> setzt sich aus einer wechselweisen
Aufeinanderfolge von "Vorschubbewegung" längs einer "Bahn"
und "Zustellbewegung" vom Endpunkt einer Bahn zum Anfangspunkt der nächsten Bahn zusammen, wobei die unter einem
programmierten Winkel nebeneinander liegenden Bahnen je-
weils gegensinnig durchlaufen werden, während die Zustellbewegung zunächst einer Hauptrichtungskomponente folgt
(<u>Bild 2/3</u>) [23, 24].

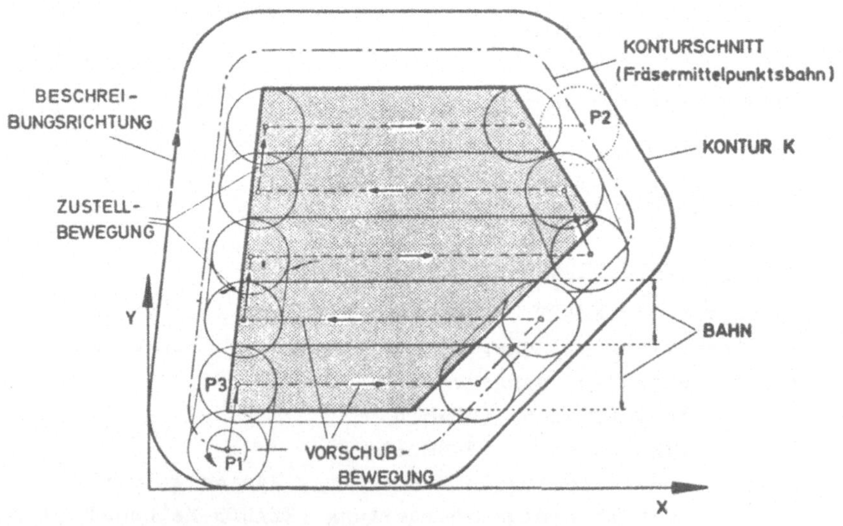

<u>Bild 2/3</u>: ZIGZAG-Bahnzerlegung nach [23, 24]

Der Konturschnitt kann wahlweise als erste oder als letzte
Bearbeitungsoperation durchgeführt werden.

Die **MEANDR-Bearbeitungsmethode** stellt ein zweites Verfahren
zur Bahnzerlegung dar. Kennzeichnend für dieses Verfahren
ist die Abarbeitung in Bahnen, äquidistant zur Ausgangskontur (Bild 2/4) [25].

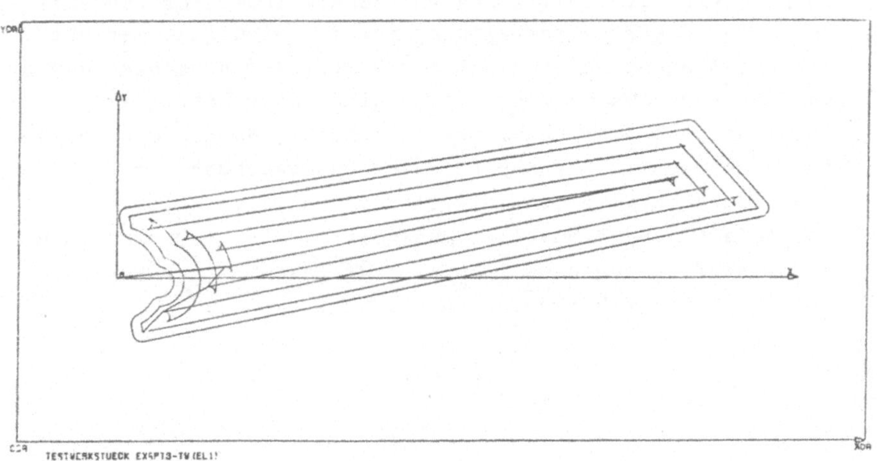

Bild 2/4: MEANDR-Bahnzerlegung nach [25]

Insgesamt gilt für alle Verfahren der Bahnzerlegung, daß
die gesamte Bearbeitung mit dem im Teileprogramm angegebenen Werkzeug erfolgt.
Daraus ergeben sich folgende Einschränkungen:
1. Der Werkzeugdurchmesser darf nicht größer sein als
   die kleinste zu fertigende Rundung bzw. Engstelle.
2. Dieses Werkzeug muß die ganze Fläche abarbeiten –
   dadurch keine optimale Zerspanung.
3. Schlicht-, und Feinschlichtbearbeitungen müssen geson-
   dert aufgerufen werden, die Bearbeitungsstelle ist
   mit einem Aufmaß zu versehen und das Werkzeug muß explizit angegeben werden.

4. Engstellen werden bei der Schnittaufteilung nicht berücksichtigt.

- <u>Schnittwertermittlungsprogramm</u>

In [21] wird die Ermittlung wirtschaftlicher Zerspanungs-
daten für die Fräsbearbeitung auf der Grundlage der cha-
rakteristischen Daten des Werkstückes, der Werkzeugmaschine
und des Werkzeuges dargestellt. Sind im Teileprogramm
keine Angaben über Schnittwerte gemacht, dann müssen diese
im Rechner ermittelt werden. Eine Untersuchung der Ein-
flußgrößen auf die Schnittwertermittlung ist erforderlich
zur Aufstellung sinnvoller Auswahlkriterien für eine automatische Werkzeugauswahl sowie zur Bestimmung von geeigneten Daten zur Werkzeugbeschreibung.

3. Technologie der Fräswerkzeuge.

Ein System zur rechnerunterstützten Auswahl von Werkzeugen setzt voraus, daß von allen zur Auswahl stehenden Werkzeugen die Daten, die diese Auswahl beeinflussen, ermittelt und festgelegt werden. Zu diesen Daten gehört einerseits eine geometrische Beschreibung des Werkzeuges und andererseits die Angabe von technologischen Einsatzbedingungen.
Insofern es das Verständnis der weiteren Ausführungen erfordert, wird in diesem Kapitel eine aus der Literatur bekannte, formale Beschreibung erläutert.
Diese Literatur gibt jedoch keine Richtlinien für die quantitative Festlegung der einzelnen Daten. Diese Richtlinien zu erarbeiten, gehört zum Ziel dieses Kapitels.
Da diese Richtlinien eng mit dem Schnittwertmodell verbunden sind und da ein funktionsfähiges Schnittwertmodell für die rechnerunterstützte Werkzeugauswahl unbedingt erforderlich ist, muß in diesem Kapitel diese Funktionsfähigkeit nachgewiesen werden.

3.1. Beschreibung der Werkzeuge.

Gestützt auf einen ersten Vorschlag [12], entwickelte Berger [21] die im Bild 3/1 dargestellte formale Beschreibung von Fräswerkzeugen.
Der obere Teil des im Bild gezeigten Karteiblattes dient der Kennzeichnung und manueller Handhabung der Kartei. Im unteren Teil sind die Formate für zwei Lochkarten, die pro Werkzeug benötigt werden, aufgenommen.
Die Kopfkarte enthält die System- und die Identnummer sowie die Einsatzbedingungen und die Beschreibung der Schneidengeometrie. Die Folgekarte enthält die geometrische Beschreibung dieses Werkzeuges.

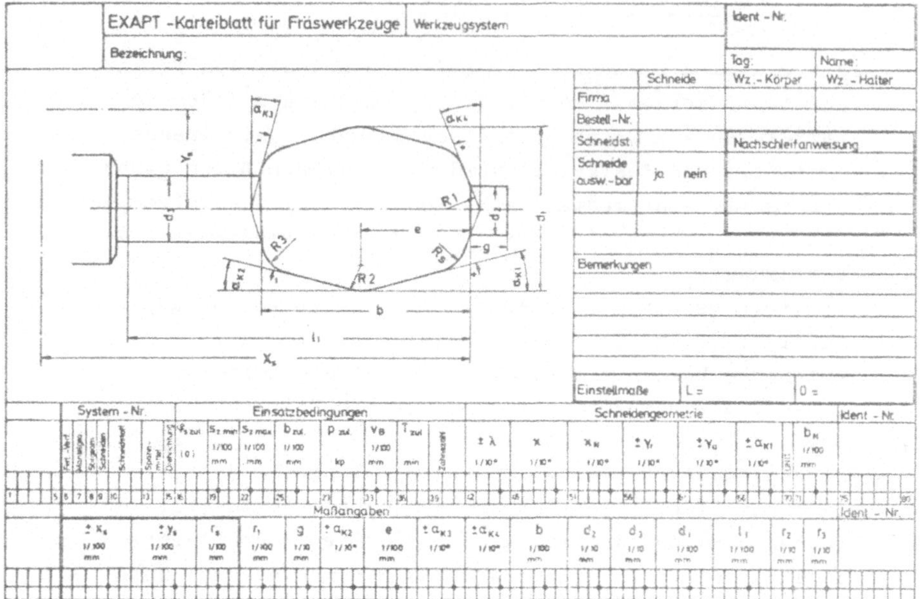

Bild 3/1: Karteiblatt für Fräswerkzeuge

Die quantitative Festlegung der geometrischen Größen
stellt keine besondere Probleme, denn diese Daten sind
aus dem Katalog des Werkzeugherstellers zu entnehmen,
oder sie lassen sich verhältnismäßig einfach messen.

Die Systemnummer ist eine zehnstellige Codezahl und setzt
sich zusammen aus:

Fertigungsverfahren (1. Stelle der Codezahl)

Mantelgeometrie (2. Stelle der Codezahl)

Stirngeometrie (3. Stelle der Codezahl)

Schneidenanordnung   (4. Stelle der Codezahl)
Schneidstoff   (5., 6. und 7. Stelle der Codezahl)
Spannmittel   (8. und 9. Stelle der Codezahl)
Spindeldrehrichtung   (10. Stelle der Codezahl)

Für Fräswerkzeuge ist der Code des Fertigungsverfahrens 5.
Aus Bild 3/2 und 3/3 ist ersichtlich, daß die Angaben über
Mantel-, bzw. Stirngeometrie sowie Schneidenanordnung nach
dem Vorschlag in [18] für eine eindeutige Festlegung des
Fräsertyps nach der DIN-Norm [26] nicht ausreichen kann.
Da jedoch die rechnerunterstützte Auswahl von Werkzeugen
eine eindeutige Festlegung fordert, ist es notwendig, diese Eindeutigkeit durch das Einbeziehen von Zusatzinforma-
tionen aus den in der Kartei aufgenommenen geometrischen
Maßangaben herbeizuführen. (Bild 3/4).
Die automatische Auswahl von Werkzeugen im Rahmen des
EXAPT 3-Systems beschränkt sich auf Grund des zugelassenen Teilespektrums auf die Werkzeuge, die eine zylin-
drische Mantelgeometrie aufweisen (die 2. Stelle der
Codezahl ist 1). Eine Ausnahme bilden hierbei die Plan-
messerköpfe, die für das Planfräsen einer gesamten Fläche
ebenfalls herangezogen werden können.
Da in der Systemnummer eine Codezahl für den Schneidstoff
aufgenommen ist, ermöglicht die Codierung der Werkstoffe
die Aufstellung einer Tabelle sämtlicher Werkstoff-
Schneidstoffpaarungen, die bei der Auswahl von Werkzeugen
ebenfalls zu berücksichtigen ist.

Jedes einzelne Werkzeug erhält eine Identnummer. Dadurch
ist es einerseits möglich, die ausgewählten Werkzeuge eindeutig zu identifizieren und anderseits im Teileprogramm
gezielt ein bestimmtes Werkzeug für eine Bearbeitung
heranzuziehen. Durch die vom Verarbeitungsprogramm zu er-
stellende Liste der Identnummern ist die Werkzeuglager-
haltung in der Lage, die für eine Fertigungsaufgabe benötigten Werkzeuge bereitzustellen.

MANTELGEOMETRIE	CODE	STIRNGEOMETRIE	CODE	SCHNEIDENANORDNUNG	CODE
2. Stelle der Codezahl		3. Stelle der Codezahl		4. Stelle der Codezahl	
Nicht definiert	0	Nicht definiert (kein Freischneiden)	0	A : SCHNEIDE ① bis Mitte	1
				B : SCHNEIDE ① nicht bis Mitte	2
zylindrisch	1	eben	1	C : SCHNEIDE ② über ges. Breite	3
				D : SCHNEIDE ② nicht über ges. Breite	4
				E : SCHNEIDE ③	5
kegelig	2	kegelig	2	Zulässige Kombinationen der Grundan - ordnung	
dopp. kegelig (sym.)	3	kugelig	3	Anordnung C	3
				Anordnung A und C	6
dopp. kegelig (unsym.)	4			Anordnung B und C	7
				Anordnung B und D	8
kugelig	5			Anordnung A, C und E	9
				Anordnung B, C und E	0

Bild 3/2: Systemnummeraufbau (1)

MANTELGEOMETRIE	STIRNGEOMETRIE	SCHNEIDENANORDNUNG			
		3	6	7	0
1	0	Walzenfräser DIN 884			
1	1	Nutenfräser DIN 1890 Schlitzfräser DIN 850	Langlochfräser DIN 326 Langlochfräser DIN 327	Walzenstirnfräser DIN 1880 Schaftfräser DIN 844, 845 Gesenkfräser DIN 1889 A, C	Schaftfräser für T - Nuten DIN 851 Scheibenfräser DIN 885, 1831
1	3		Gesenkfräser DIN 1889 B		
2	0	Winkelfräser DIN 1833 B Lückenfräser DIN 1824 A, C			
2	1	Winkelfräser DIN 1833 A		Winkelfräser DIN 1823 A Winkelstirnfräser DIN 842 Gesenkfräser DIN 1889 E, G	
3	0	Prismenfräser DIN 847 Lückenfräser DIN 1824 B			
4	0	Winkelfräser DIN 1823 B			
5	0	Halbkreisfräser DIN 855 Viertelkreisfräser DIN 6513			
5	1	Halbkreisfräser DIN 856 Schlüsselfräser DIN 849			

Bild 3/3: Systemnummeraufbau (2)

FERTIGUNGSVERFAHREN	MANTELGEOMETRIE	STIRNGEOMETRIE	SCHNEIDENANORDNUNG	ZUSATZINFORMATIONEN			
				$d_2 \neq 0$		$d_2 = 0$	
						$r_3' = 0$	$r_3 \neq 0$
5	1	1	3	Nutenfräser DIN 1890		Schlitzfräser DIN 850	
5	1	1	7	Walzenstirnfräser DIN 1880		Schaftfräser DIN 844, 845	Gesenkfräser DIN 1889 A, C
5	1	1	0	Scheibenfräser DIN 885, 1831			Schaftfräser für T - Nuten DIN 851
5	2	0	3	Lückenfräser DIN 1824 A, C		Winkelfräser DIN 1833 B	
5	2	1	7	Winkelfräser DIN 1823 A $\alpha = 60..85°$	Winkelstirnfräser DIN 842 $\alpha = 50°$		Gesenkfräser DIN 1889 E, G
5	3	0	3	Prismenfräser DIN 847	Lückenfräser DIN 1824 B		
5	5	0	3	Halbkreisfräser DIN 855	Viertelkreisfräser DIN 6513		
5	5	1	3	Halbkreisfräser DIN 856 $b = 2R$	Schlüsselfräser DIN 849 $b < 2R$		

Als besonders schwierig hat sich die Festlegung der Einsatzbedingungen herausgestellt.
Ihrer Bedeutung nach lassen sich bei den technologischen
Berechnungen die Einsatzbedingungen in zwei Gruppen unterteilen: Grenzgrößen und Funktionsparameter.
Die Grenzgrößen schützen einerseits das Werkzeug gegen
unsachgemäßes Einsetzen, andererseits überwachen sie die
Berechnung der Schnittdaten, so daß durch eine ungünstige
Eingabedatenkombination die vom Werkzeug gestellten Grenzen nicht überschritten werden. Tritt dieser Fall ein,
dann wird der Grenzwert an Stelle des berechneten Wertes
gesetzt und dem Programmierer wird eine Warnung ausgegeben. In dieser Hinsicht ist deren Angabe nicht kritisch;
sie beeinflussen die Ergebnisse nicht unmittelbar. Zu den
Grenzgrößen gehören: der minimale und maximale Vorschub
pro Zahn ($s_{z,min}$, $s_{z,max}$), die zulässige Schneidenbreite
(b_{zul}) und der maximale Schnittwinkel ($\varphi_{s,zul}$).
Die Funktionsparameter dagegen gehen direkt in die Gleichungen zur Bestimmung von Vorschub und Schnittgeschwindigkeit ein. Zu den Funktionsparametern gehören: zulässige
Zahnbelastung, Standzeit und Verschleißmarkenbreite.
Durch das Abändern dieser Daten in der Werkzeugkartei ist
eine direkte betriebsinterne Einflußnahme auf die Schnittdaten möglich.
Das Aufstellen von Empfehlungen für die quantitative Angabe dieser Daten fordert eine genaue Analyse der Gleichungen zur Bestimmung der Schnittwerte. Da zudem die rechnerunterstützte Werkzeugauswahl von der Funktionsfähigkeit des Schnittwertmodells abhängt, ist es im Rahmen dieser Arbeit unbedingt erforderlich, die aus der Literatur
bekannten Gleichungen auf ihre Verwendbarkeit zu untersuchen.

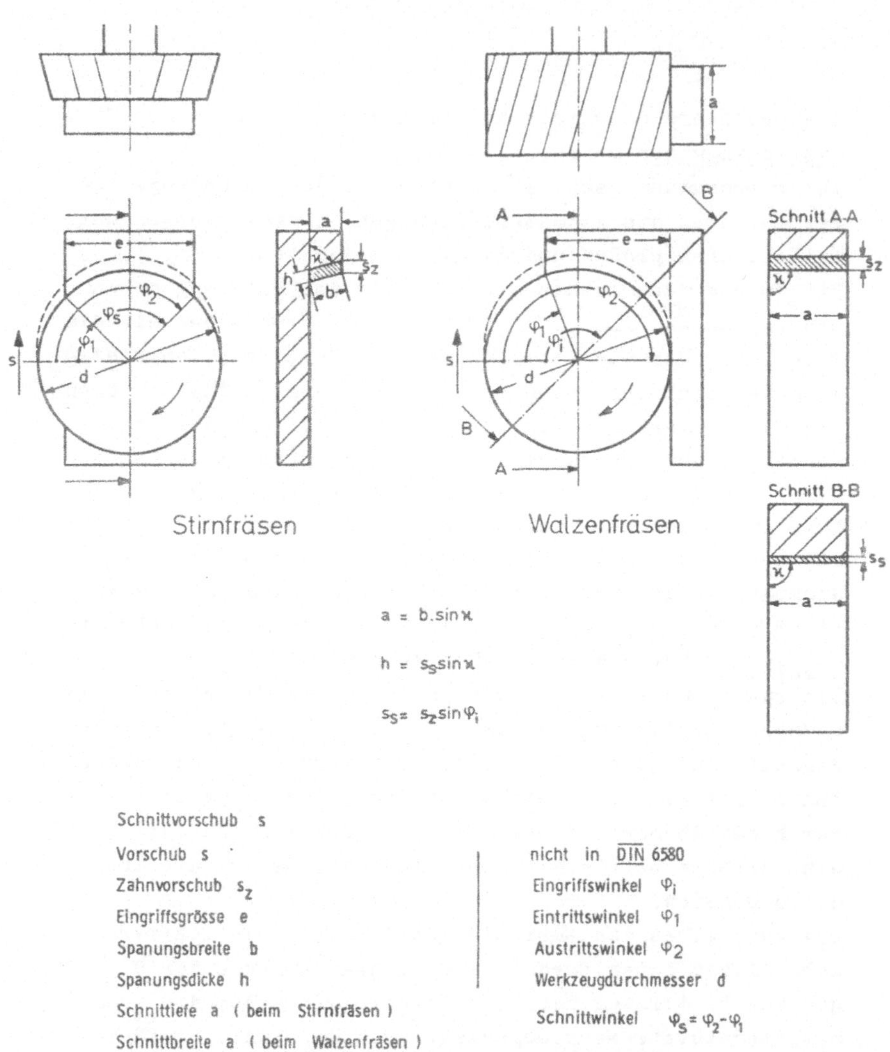

Bild 3/5: **Schnitt- und Spanungsgrößen beim Fräsen (DIN 6580)**

3.2. Analyse der Schnittwertgleichungen.

3.2.1. Vorschub

Für die Hauptschnittkraft, die erforderlich ist, um einen
Span mit einem Querschnitt b x h (**Bild 3/5**) abzuheben, ermittelte Kienzle [27] für das Drehen folgenden Zusammen-
hang:

$$F = c_F \cdot b \cdot h^{1-c} \cdot k_{s1.1} \qquad (3-1)$$

Da es sich hier um eine experimentell ermittelte, zuge-
schnittene Gleichung handelt, ist der Faktor c_F von den
verwendeten Einheiten abhängig. Für die in dieser Arbeit
eingesetzten SI-Einheiten gilt:

$$c_F = 10^{-3c} \left[m^c \right]$$

Diese Gleichung gilt auch für das Fräsen [28, 29, 21].
Zwischen Schnittvorschub s_s und Spanungsdicke h gilt die
Beziehung:

$$h = s_s \cdot \sin\varkappa$$

Nach DIN 6580 kann man näherungsweise setzen

$$s_s = s_z \cdot \sin\varphi_i$$

woraus sich die Spanungsdicke am i. Zahn mit Eingriffswinkel φ_i ergibt:

$$h = s_z \cdot \sin\varphi_i \cdot \sin\varkappa$$

Mit Gl.(3-1) wird die Hauptschnittkraft für diesen Zahn
in der Lage φ_i:

$$F_i = c_F \cdot b \cdot (s_z \cdot \sin\varphi_i \cdot \sin\varkappa)^{1-c} \cdot k_{s1.1} \qquad (3-2)$$

Die Hauptschnittkraft an einem Zahn ändert sich während
des Schnittvorganges in Abhängigkeit des Eingriffswin-
kels, φ_i.

$0° \leqq \varphi_1 \leqq 90°$	$\varphi_2 < 90°$		$\varphi_{i,Fimax} = \varphi_2$
	$\varphi_2 \geqq 90°$		$\varphi_{i,Fimax} = 90°$
$\varphi_1 \geqq 90°$			$\varphi_{i,Fimax} = \varphi_1$

Bild 3/6: Bestimmung von $\varphi_{i,Fimax}$

Bild 3/6 zeigt, in welcher Position des Zahnes ($\varphi_i = \varphi_{i,Fimax}$)
die Hauptschnittkraft ein Maximum erreicht. Dieses Maximum
darf die zulässige Belastbarkeit des Werkzeuges nicht
überschreiten.
Ersetzt man in Gl.(3-2) φ_i durch den Eingriffswinkel
$\varphi_{i,Fimax}$ und F_i durch die zulässige Zahnbelastung (F_{zul}),
dann ergibt sich nach s_z aufgelöst, eine obere Grenze
für den Vorschub pro Zahn:

$$s_{z,zul} = \frac{1}{\sin\varphi_{i,Fimax} \cdot \sin\varkappa} \cdot \left(\frac{F_{zul}}{c_F \cdot b \cdot k_{s1.1}} \right)^{\frac{1}{1-c}} \qquad (3-3)$$

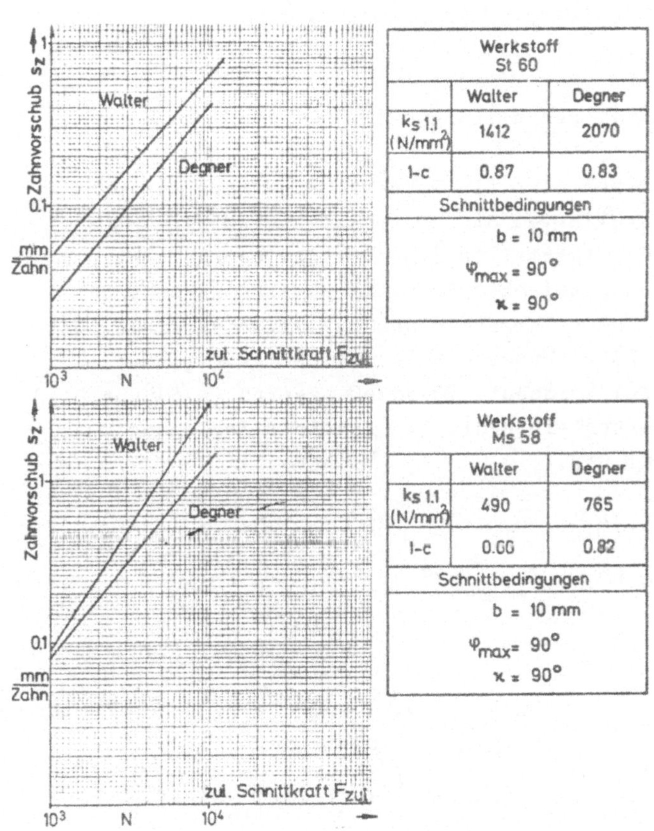

<u>Bild 3/7</u>: Einfluß der zulässigen Zahnbelastung auf den Zahnvorschub

<u>Bild 3/7</u> stellt Gl.(3-3) da. Aus dem Bild ist zusätz-
lich zu entnehmen, wie sich Unterschiede in der Werk-
stoffbeurteilung auf den Vorschub auswirken. Die Werkstoffdaten sind einem Werkzeugherstellerkatalog [30]
und der Fachliteratur [31]. entnommen.

3.2.2. <u>Schnittgeschwindigkeit</u>

Ein Vorgabewert für die Schnittgeschwindigkeit geht
aus der erweiterten Standzeitgleichung hervor. Die
von Taylor aufgestellte Standzeitgleichung beschreibt
die Beziehung zwischen Schnittgeschwindigkeit und
Standzeit unter Vorgabe einer maximalen Verschleißmarkenbreite [32]. Untersuchungen haben gezeigt, daß
Schnittiefe, Vorschub, Überdeckungsgrad (e/d) und Größe des
Werkzeugverschleißes die obengenannte Beziehung beeinflussen [33].

$$v = c_v \cdot C \cdot T^{\alpha} \cdot a^{\beta} \cdot s_z^{\gamma} \cdot (e/d)^{\delta} \cdot VB^{\varepsilon}$$

$$\begin{aligned}
\alpha &= -0.11\ldots-0.57 \\
\beta &= -0.1 \\
\gamma &= -0.1\ldots-0.5 \\
\delta &= -0.2 \\
\varepsilon &= 0.2\ldots0.5
\end{aligned}$$

In dieser zugeschnittenen Gleichung beträgt der Faktor
c_v, zur Berücksichtigung der SI-Einheiten:

$$c_v = 60^{-(\alpha+1)} \cdot 10^{3(\beta+\gamma+\varepsilon)} \left[m^{1-(\beta+\gamma+\varepsilon)} \cdot s^{-(\alpha+1)} \right]$$

Durch den Wert der Exponenten wird der Einfluß der einzelnen Faktoren gewichtet, obwohl neuere Untersuchungen
[34, 35] ergaben, daß die Exponenten keine Konstanten
sondern ihrerseits abhängig vom Vorschub, Schnittiefe,
... sind, zeigt eine vergleichende Studie [36], daß die

erweiterte Taylorgleichung mit Exponenten, die für jede
Werkstoff-Schneidstoffpaarung konstant sind, zuverlässige
Schnittdaten liefert. Da diese Zusammenhänge vorwiegend
für das Drehen untersucht wurden und die Exponenten für
das Fräsen erst nach einer umfangreichen Informations-
sammlung und deren Auswertung ermittelt werden können,
sind in dem jetzigen Programm die Exponenten zum Teil
aus der oben erwähnten Studie übernommen. Es ist selbst-
verständlich die Möglichkeit gegeben, ohne Programmän-
derung über Datenkarten für jede Werkstoff-Schneidstoffpaarung die gewünschte Kombination anzugeben.

3.2.3. Berücksichtigung des Spindeldrehmoments.

Vorerst wird geprüft, ob die Vorgabewerte für Vorschub
und Schnittgeschwindigkeit innerhalb der von der Werkzeugmaschine, vom Werkzeug und Werkstoff gestellten
Grenzen liegen (Bild 3/8). Durch die Werkzeugkartei
hat das Schnittwertmodell Zugriff auf die Werkzeuggrößen.
Die Werkstoffdaten der am häufigsten vorkommenden Werkstoff-Schneidstoffpaarungen sind im Compiler abgespeichert.
Weichen die Maschinendaten von den im Compiler verein-
barten Standardgrößen ab, so kann der Teileprogrammierer
im Teileprogramm die zutreffenden Daten angeben.

	Drehzahl	Schnittgeschwindigkeit	Vorschub
Werkzeugmaschine	n_{min}, n_{max}		s_{min}, s_{max}
Werkzeug			$s_{z\,min}, s_{z\,max}$
Werkstoff		v_{min}, v_{max}	

Bild 3/8: Grenzgrößen bei der Schnittdatenberechnung.

Liegen die berechneten Werte außerhalb dieser Grenzen,
dann wird dem Teileprogrammierer eine Meldung ausgegeben
und der überschrittene Grenzwert wird für die weitere
Berechnung übernommen. Ausgehend von der Schnittgeschwindigkeit wird das aktuell an der Spindel zur Verfügung
stehende Drehmoment aus folgenden Gleichungen berechnet.

$$M_{akt} = \frac{P.r}{v}$$

$$M_{akt} \leqq M_{max}$$

Aus dem Vorschub kann das erforderliche Spindeldrehmoment
berechnet werden.

$$M_{erf} = \sum_{i=1}^{z_{ie}} F_i . r$$

wobei $\sum F_i$ die Summe der Hauptschnittkräfte aller im Eingriff befindlichen Zähne (z_{ie}) darstellt. Das erforderliche Moment ist nicht konstant, sondern ändert sich in Abhängigkeit von der Lage der im Eingriff befindlichen Zähne.
Für die weitere Betrachtung kommt nur die Lage in Frage,
in der das erforderliche Moment ein Maximum erreicht

$$M_{erf} = c_F . r . b . k_{s1.1} . (s_z . \sin\varkappa)^{1-c} . S_{phi}$$

wobei

$$S_{phi} = \text{Max} \sum_{i=1}^{z_{ie}} (\sin\varphi_i)^{1-c}$$

Um ein schwingungsarmes Fräsen zu erhalten, erhöht man

beim Bau von leistungsfähigen Fräsmaschinen häufig das
Trägkeitsmoment. Dieses ist in der Lage die Spitzen der
vom Fräsprozeß geforderten Belastung aufzunehmen. Soll
diese Eigenschaft berücksichtigt werden, dann kann man
zu dem an der Spindel zur Verfügung stehenden Moment
ein Zusatzmoment addieren. Hinweise zu dessen Berechnung
findet man in [76].
Das Maximum S_{phi} läßt sich einfach und mit ausreichender
Genauigkeit durch die Berechnung und den Vergleich der
Summe der Sinuswerte für diskrete Fräserstellungen ermitteln. Im M,n-Diagramm kann M_{erf} (bei vorgegebener Schnittgeschwindigkeit) drei unterschiedlich zu handhabende Werte annehmen (Bild 3/9):
Punkt A: die Maschine kann das erforderliche Spindeldrehmoment bei dieser Schnittgeschwindigkeit aufbringen;
die errechneten Werte s_z und v können angewendet werden.
Punkt B: das durch den Vorschub geforderte Spindeldrehmoment (M_{erf}) übersteigt das bei der gewünschten Drehzahl
zur Verfügung stehende Moment (M_{akt}) aber nicht das maximal
erreichbare Moment (M_{max}). Um brauchbare Schnittwerte zu
bekommen, stehen programmtechnisch zwei Lösungen zur
Verfügung:
1. Bei gleichbleibender Schnittgeschwindigkeit bzw.
   Drehzahl wird der Vorschub und demzufolge auch das
   erforderliche Spindeldrehmoment reduziert, bis die
   Leistungshyperbel erreicht wird für M = M_{akt} (Weg 1).
   Der Vorschub pro Zahn beträgt in diesem Punkt:

$$s_z = \frac{1}{\sin\varkappa} \left(\frac{M_{akt}}{c_F \cdot r \cdot b \cdot k_{s1.1} \cdot S_{phi}} \right)^{\frac{1}{1-c}} \qquad (3-4)$$

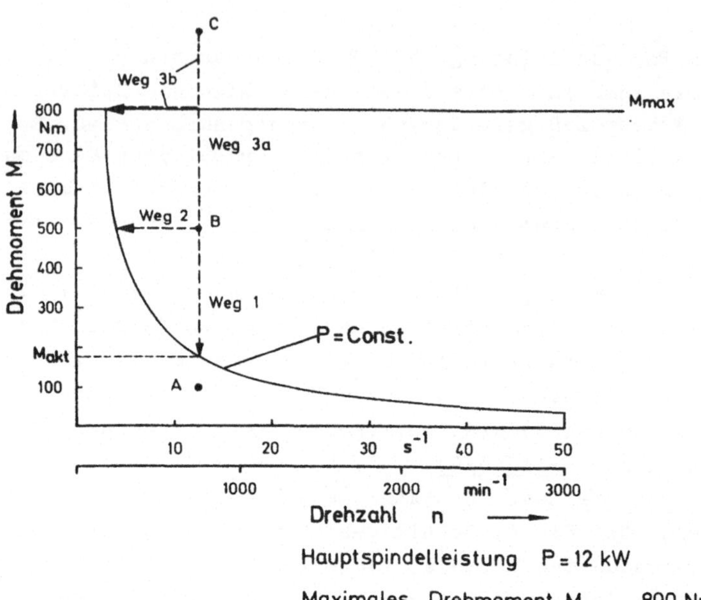

Bild 3/9:   Bestimmung der Schnittdaten im Schnittwertmodell

2. Bei gleichbleibendem Vorschub und demzufolge bei
gleichbleibendem erforderlichem Moment (M = M_{erf})
wird die Schnittgeschwindigkeit bzw. die Spindel-
drehzahl reduziert bis die Leistungshyperbel
erreicht wird. In diesem Punkt beträgt die
Schnittgeschwindigkeit:

$$v = \frac{P \cdot r}{M_{erf}}$$

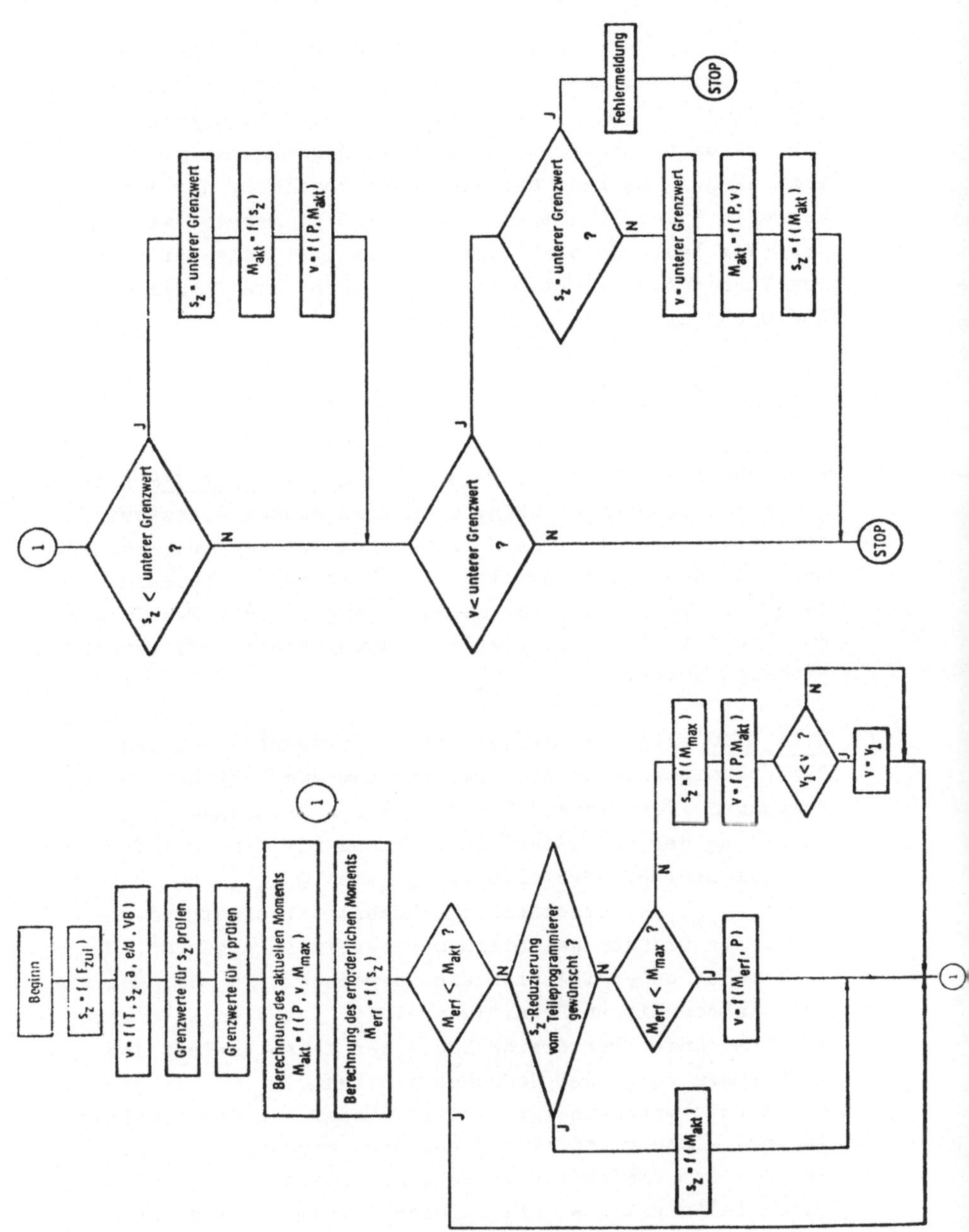

Bild 3/10: Vereinfachtes Flußdiagramm zur Schnittwertberechnung

<u>Punkt C</u>: Das erforderliche Spindeldrehmoment übersteigt
das maximale Spindeldrehmoment. Eine Vorschubreduzierung
kann gemäß Gl.(3-4) durchgeführt werden. Eine reine
Schnittgeschwindigkeitsreduzierung dagegen ist nicht
praktikabel. Es kann höchstens der Vorschub, der das
maximale Spindeldrehmoment erfordert eingesetzt werden (Weg 3a). Die Schnittgeschwindigkeit, die bei diesem Vorschub erreicht werden kann, geht aus folgender
Gleichung hervor (Weg 3b).

$$v = \frac{P.r}{M_{max}}$$

Erreicht eine geänderte Größe eine der im <u>Bild 3/8</u> aufgeführten unteren Grenzen, dann wird dieser Grenzwert
eingesetzt und die andere Größe wird weiter herabgesetzt.
Beide Größen unterschreiten nie gleichzeitig ihren unteren Grenzwert, weil diese Bedingung bei der Bestimmung
der Schnittiefe a und des Überdeckungsgrades e/d berücksichtigt wurde.

<u>Bild 3/10</u> zeigt den Ablauf der Schnittwertberechnung.
Der prinzipielle Unterschied mit dem aus [21] bekannten
Verfahren liegt in der Handhabung des Drehmoments.
Am Anfang der Schnittdatenberechnung wird in [21] für zwei
extreme Bearbeitungsfälle ($s_{z,min}$ und $\varphi_{s,min}$ bzw. $s_{z,max}$
und $\varphi_{s,max}$) das erforderliche Moment errechnet und even-
tuell den Grenzen des Drehmomentbereiches angepaßt. Durch
Interpolation ergibt sich ein Vorgabewert für das Moment
beim tatsächlichen Schnittwinkel φ_s. Aus diesem Vorgabewert und unter Berücksichtigung der Belastbarkeit des
Werkzeuges folgt der Vorschub pro Zahn.
Die Schnittgeschwindigkeit wird einmal aus der erweiterten
Taylorgleichung und einmal aus der Leistung errechnet.
Es wird der kleinere Wert verwendet, d.h. die Schnittgeschwindigkeit bzw. die Drehzahl wird soweit herabgesetzt, bis die Leistung für die Zerspanung mit dem,
aus einer sehr groben Interpolation errechneten Vorschub
ausreicht. Einen Vergleich zwischen den gemäß dem hier

gezeigten Verfahren (SNIMOD) ermittelten Schnittwerten und den von bekannten Werkzeugherstellern einerseits und aus der Fachliteratur entnommenen Werten andererseits zeigt **Bild 3/11**.

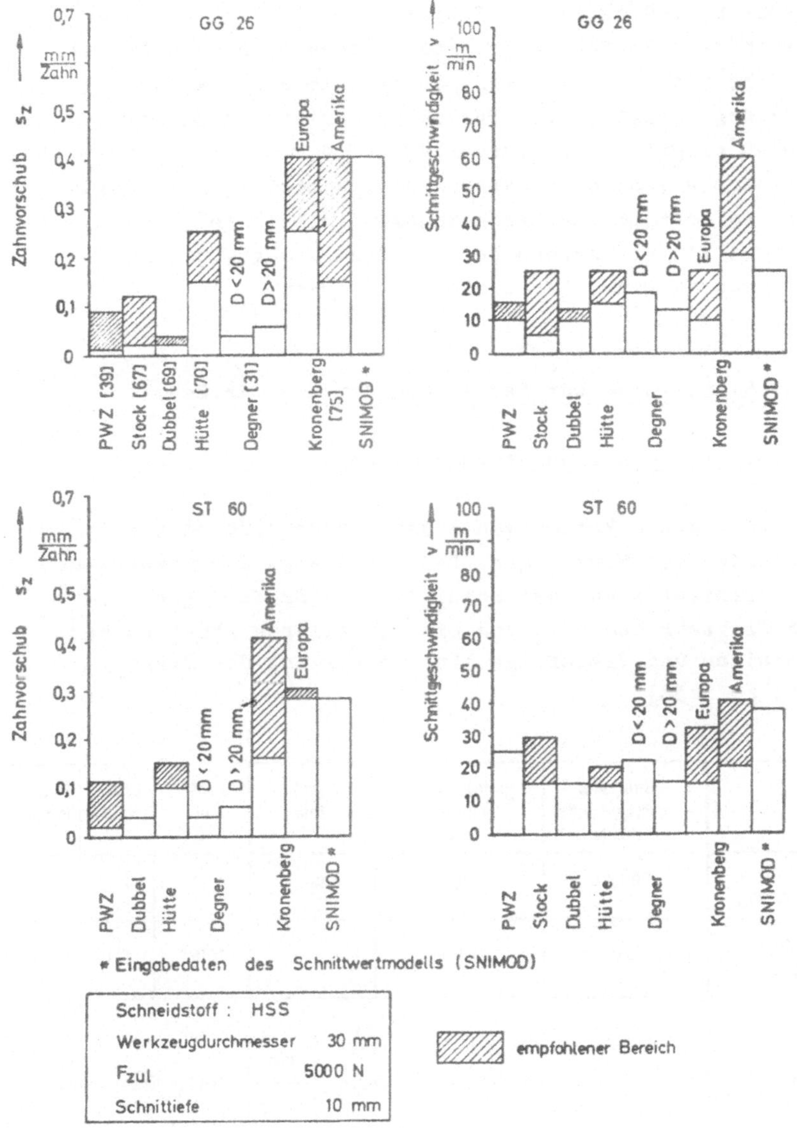

Bild 3/11: Ergebnisse des Schnittwertmodells

Aus der Literatur sind eine Reihe anderer Verfahren bekannt; diese lassen sich bestimmt in dieses System einarbeiten, jedoch ist es fraglich, ob die Realisierung aufwendiger Verfahren in einem Processor noch sinnvoll ist. Es ist erstrebenswert, solche als ACC bzw. ACO-Regelung direkt an den Werkzeugmaschinen im Zerspanprozeß eingreifen zu lassen [40]. Dadurch können zusätzliche Faktoren wie Schneidenverschleiß, Materialinhomogenitäten, anisotropische Erscheinungen im Material, Änderungen der Eingriffsgröße bei der Zustellung von einer zur anderen Bahn, berücksichtigt werden.

3.3. Richtlinien zur Festlegung der Grenzgrößen.

Minimaler und maximaler Zahnvorschub.

Bei zu kleinen Vorschüben schaben oder drücken die Schneiden des Werkzeuges. Dadurch steigt die Temperatur des Werkzeuges und der Schnittfläche am Werkstück. Für das Werkzeug bedeutet das ein schnelleres Abnutzen der Schneiden und demzufolge eine Verkürzung der Standzeit [37, 38].

	Unlegierte niedriggekohlte Stähle	Unlegierte und leichtlegierte Stähle	Gesenk-stähle	Stahl-guß	Grau-guß	Leichtmetall-legierungen
Stirn-fräsend	0,08	0,10	0,08	0,10	0,10	0,05
Umfang-schneidend	0,16	0,16	-	0,16	0,16	0,16

Bild 3/12: Mindestvorschübe je Zahn $\left[\dfrac{mm}{Zahn}\right]$ beim Fräsen von Metallen [37]

Bild 3/12 gibt Richtwerte für den minimalen Vorschub
nach [37]. Diese Werte entsprechen den Angaben von [38]
für die untersten Grenzen des Zahnvorschubs beim Fräsen von Stahl und Grauguß mit Hartmetall.

Bei der Bestimmung von Vorschüben unter der Bedingung
des Ausnutzens des maximalen Drehmoments bzw. der maximalen Schnittbelastung eines Werkzeuges, wie es im Schnittwertmodell gehandhabt wird (siehe 3.2), können bei sehr
kleinen Schnittiefen und weichem Werkstoff nicht prakti-
kable Vorschubwerte errechnet werden; sie sind zu groß und
technologisch nicht einsetzbar, da in diesem Fall der
Spanraum zwischen zwei aufeinander folgenden Fräszähnen
keine akzeptable Spanbildung und keine ausreichende
Spanabfuhr gewährleisten kann. Bei Werkzeugen mit klei-
nem Durchmesser (10mm) tritt das Problem der Späneabfuhr auch bei den üblichen Schnittiefen ($a/d = 0,5...1$)
auf. Um in diesen Fällen den Spanraum zu vergrößern,
werden häufig einzelne Zähne weggeschliffen.
Bei Breitschlichtmesserköpfen darf der Vorschub pro
Umdrehung die Länge L_1 der Schlichtschneide (Neben-
schneide) nicht überschreiten. In diesem Fall gilt

$$s_{max} = L_1$$

bzw.
$$s_{z,max} = \frac{L_1}{z}$$

<u>Zulässige Schneidenbreite</u>

Die zulässige Schneidenbreite b_{zul} bestimmt die maximal
zulässige Spanungsbreite; die geometrische Schneidenbreite b_{geom} entspricht der Länge der Schneide entlang
der Mantellinie gemessen (<u>Bild 3/13</u>). Der wichtigste
Grund für eine geringere zulässige Schneidenbreite als
die geometrisch mögliche liegt in der Späneabfuhrmöglich-
keit.

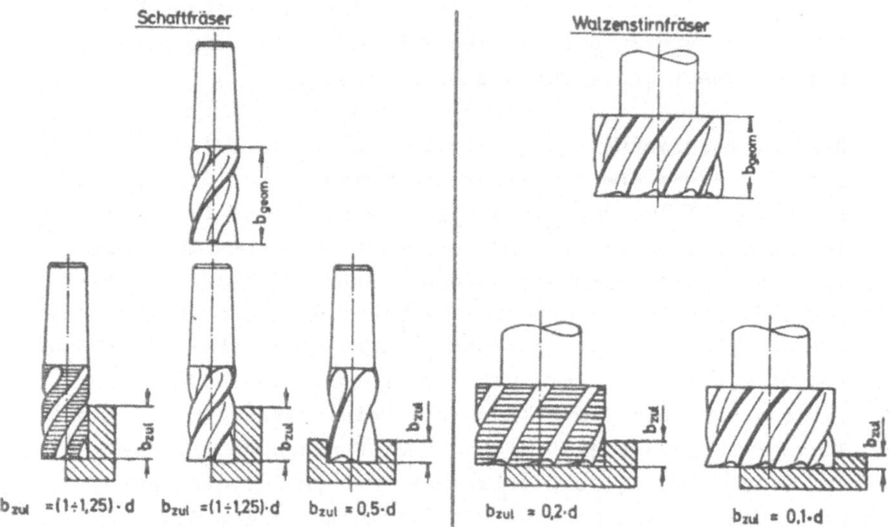

Bild 3/13: Zulässige Schneidenbreite b_{zul} nach [39].

Bild 3/13 zeigt Vorschläge vom Werkzeughersteller für das Verhältnis b_{zul}/d [39].
Die Angabe von b_{zul} beeinflußt sehr stark die Ergebnisse des Schnittaufteilungsprogrammes, da b_{zul} gleichzeitig die maximale Schnittiefe impliziert:

$$a_{max} = b_{zul} \cdot \sin\varkappa$$

und demzufolge auch die Anzahl der erforderlichen Zustellungen.

<u>Der zulässige Schnittwinkel.</u>

Der zulässige Schnittwinkel $\varphi_{s,zul}$ ist der maximal zulässige Eingriffswinkel. Der zulässige Schnittwinkel beträgt 180° bei Werkzeugen, die eine gute Spanbildung und Späneabfuhr gewährleisten. Sonst sammeln sich die Späne im Spanraum an und werden zwischen Werkzeug und Werkstück gedrückt. Dies führt zu einer schlechten Oberflächengüte, zu einer zusätzlichen Werkzeugerwärmung und unter Umständen zu Werkzeugbruch. Ausführliche Untersuchungen über die Spanform beim Stirnfräsen [41] haben ergeben, daß die günstigste Spanform der Zylinderwendelspan ist. Er entsteht bei positivem Neigungswinkel λ und negativem Spanwinkel γ. Unter Berücksichtigung dieser Angabe errechnet das Verarbeitungsprogramm die maximale Eingriffsgröße.
Durch einen entsprechend klein gewählten Wert von $\varphi_{s,zul}$ können bestimmte Werkzeuge ausschließlich für das Schlichten in Frage kommen.

3.4. Richtlinien zur Festlegung der Funktionsparameter.

<u>Zulässige Zahnbelastung.</u>

Die zulässige Zahnbelastung F_{zul} ist die maximale Hauptschnittkraft, die von einem Zahn aufgenommen werden kann. Zur Gesamtbelastung eines Fräserzahnes trägt nicht nur die Hauptschnittkraft bei, sondern auch die Radialkraft und in geringem Maße auch die Axialkraft. Die Abhängigkeit der Radialkraft vom Zahnvorschub ist nach [41] ähnlich wie bei der Hauptschnittkraft.

$$F_{ir} = c_F \cdot b \cdot (s_z \cdot \sin\varphi_i \cdot \sin\varkappa)^{1-c} \cdot k_{sr1.1}$$

Das Ausbrechen eines Zahnes durch zu hohe Belastung und
das Überschreiten der Fließgrenze des Schneidwerkstoffes
sind Kriterien, die von den Kräften an einem Zahn ausge-
hen. Zur Vermeidung eines Schaftbruches durch Torsions-
und Biegespannung müssen die Kräfte, die auf alle sich
im Eingriff befindenden Zähne einwirken, in Betracht ge-
zogen werden. In vielen Fällen, vor allem bei kleineren
Durchmessern muß nicht nur ein Schaftbruch verhindert
werden, sondern muß die Durchbiegung des Werkzeuges unter einem bestimmten Maß gehalten werden, damit eine
unzulässige Fertigungsungenauigkeit vermieden wird.
Zur Festlegung des F_{zul}-Wertes gibt es prinzipiell
zwei Möglichkeiten:

1. Aus Versuchen den Vorschubwert, bei dem ein Bruch
   bzw. die maximale Durchbiegung auftritt, ermitteln
   und dann unter Berücksichtigung eines Sicherheits-
   faktors aus Gl.(3-3) F_{zul} berechnen.
2. Ausgehend von den betriebsintern gültigen Schnittwerten, aus Gl.(3-3) bzw. Bild 3/6 und unter Berücksichtigung der Schnittbedingungen (Schnittiefe,
   Werkstoff, Schneidstoff) die Zahnbelastung ermitteln.

Nach Abschluß eines umfangreichen Forschungprojektes
über ACO-Regelungen für Fräsmaschinen [42] dürfte eine
solide theoretische Grundlage zur Bestimmung der zulässigen Zahnbelastung vorhanden sein. Momentan allerdings
führt die zweite Möglichkeit schnell zu brauchbaren
Werten.

Die zulässige Verschleißmarkenbreite.

Die zulässige Verschleißmarkenbreite gibt die Größe des
maximal zugelassenen Freiflächenverschleißes an. Beim

Erreichen dieses Verschleißes muß das Werkzeug nachge-
schliffen bzw. die Schneidplättchen gewechselt werden.
Die Größe des Verschleißes beeinflußt u.a. die erforderliche Schnittkraft, die Nachschleifkosten und die
erreichbare Oberflächengüte. Beim Schlichten ist die
erreichbare Oberflächengüte maßgebend; beim Schruppen
dagegen die Nachschleifkosten.
Bild 3/14 gibt Richtwerte für die Größe der zulässigen
Verschleißmarkenbreite nach [37].

	Werkstückwerkstoff	Schruppen	Schlichten	Feinfräsen
Freiflächenverschleiß VB [mm]	Grauguß, Hartguß	0,3...0,5	0,2....0,3	bis 0,1
	Stahl, Stahlguß	0,6...0,8	0,3....0,4	bis 0,1

Verschleißgrößen beim Fräsen, Grenzbereiche (nach Walter)

Bild 3/14: Zulässige Verschleißmarkenbreite nach [37]

Standzeit

Für die Festlegung des letzten Funktionsparameters, der
Standzeit, sind ebenfalls Richtlinien aufzustellen.
Ausgehend von der mathematischen Beziehung für die Fer-
tigungskosten pro Stück und die Standzeitgleichung läßt
sich durch Differenzierung der Kostengleichung nach der
Standzeit eine Beziehung für die kostenoptimale Standzeit aufstellen.

$$T_{Kostenoptimal} = -(1+\tfrac{1}{\alpha}) \cdot (t_{ww} + \frac{W_T}{K_{Ms} + L_s(1+g_s)}) \qquad (3-5)$$

α = Exponent der Standzeit in der Standzeitgleichung
t_{ww} = Werkzeugwechselzeit
W_T = Werkzeugkosten auf die Standzeit bezogen
K_{Ms} = Maschinenkosten pro Zeiteinheit
L_s = Stundenlohn des Bedienungspersonals
g_s = Lohngemeinkostenfaktor

Geht man von der Fertigungszeit pro Werkstück und der
Standzeitgleichung aus, liefert die Differenzierung einen
Vorgabewert für eine zeitoptimale Fertigung

$$T_{zeitoptimal} = -(1+\frac{1}{\alpha})\ t_{ww}$$

Diese Gleichungen, bislang vorwiegend für Drehbearbeitungen
angewandt [43] sind allgemein gültig. Obwohl im Ansatz
schon seit 1947 bekannt [44, 45, 46] finden sie doch
erst in letzter Zeit ihre Anwendung [47].
Diese Gleichungen gelten nur im Bereich der Gültigkeits-
grenzen der erweiterten Standzeitgleichung. Eine Über-
wachung der Grenzen erfolgt im Schnittwertmodell, indem
ein werkstoffabhängiger Grenzwert eingesetzt wird, wenn
die im Schnittwertmodell errechnete Schnittgeschwindigkeit
diesen Grenzwert überschreitet.

3.5. Bedeutung des Schnittwertmodells für die rechner-
     unterstützte Werkzeugauswahl.

Die Funktionsfähigkeit des Schnittwertmodells und die
Richtigkeit der dabei benötigten Werkzeugdaten ist eine
- conditio sine qua non - für ein Programmiersystem,
das die Automatisierung der im Bild 1/1 geschilderten
Aufgaben bis zur Stufe 5 erreichen will.
Für die vorliegende Arbeit ist diese Funktionsfähigkeit
ebenfalls entscheidend. Denn ausgehend von falschen
Einschätzungen der Werkzeugeigenschaften und einer man-
gelhaften Schnittwertermittlung können Werkzeuge unmög-
lich nach technologischen und wirtschaftlichen Gesichtspunkten ausgewählt werden. Aus allen zur Auswahl stehenden Werkzeugen kann eine Teilmenge von Werkzeugen,
die für die programmierte Bearbeitungsart, den Werkstoff

und die Werkzeugmaschine in Frage kommen, gebildet werden. Daraus werden nach geometrischen und wirtschaftlichen Kriterien die geeigneten Werkzeuge ermittelt. Diese Kriterien, die im folgenden Abschnitt behandelt werden, greifen ihrerseits auf das Schnittwertmodell zurück. Darüber hinaus ist die Bestimmung von geeigneten Schnittdaten für die Beurteilung der automatischen Werkzeugauswahl unbedingt erforderlich. In diesem Kapitel wurde versucht, ausgehend von den aus der Literatur bekannten Gleichungen, das in [21] vorgeschlagene Verfahren zu verbessern und für die am meisten vorkommenden Werkstoff-Schneidstoffpaarungen einsatzfähig zu machen. Aus dieser Untersuchung folgten Richtlinien für die quantitative Festlegung der Werkzeugdaten. Anhand von zwei Werkstoff-Schneidstoffkombinationen zeigt <u>Bild 3/11</u> die Funktionsfähigkeit des Schnittwertmodells.

4. Auswahlkriterien nach geometrischen Gesichtspunkten.

In erster Linie bestimmt die Geometrie der Bearbeitungsstelle die geometrischen Auswahlkriterien. Ausgehend
von der Beschreibung der Bearbeitungsstelle und mit
Hilfe der Konturtransformationen können unter Berücksichtigung der im vorigen Kapitel erwähnten technologischen Kriterien nach geometrischen Gesichtspunkten Werkzeuge ausgewählt werden.

4.1. Geometrie der Bearbeitungsstelle.

Anhand der Werkstückzeichnung beschreibt der Teileprogrammierer in einem Teileprogramm das zu fertigende
Werkstück durch die Angabe der Begrenzung von Fertigteil
und zu zerspanendem Volumen. Dazu gehört die Beschreibung von einer oder mehreren in der X-Y-Ebene gelegenen
Konturen. Diese sind Umrisse von senkrechten Zylindern,
die in +Z und -Z unbegrenzt sind.
Die Angabe des oberen und unteren Z-Wertes für jede Kontur vervollständigt die Beschreibung der Bearbeitungsstelle [19].

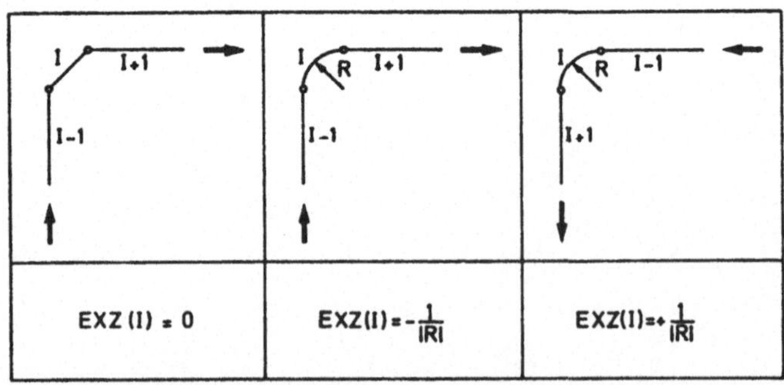

Bild 4/1: Krümmung des I. Konturelementes.

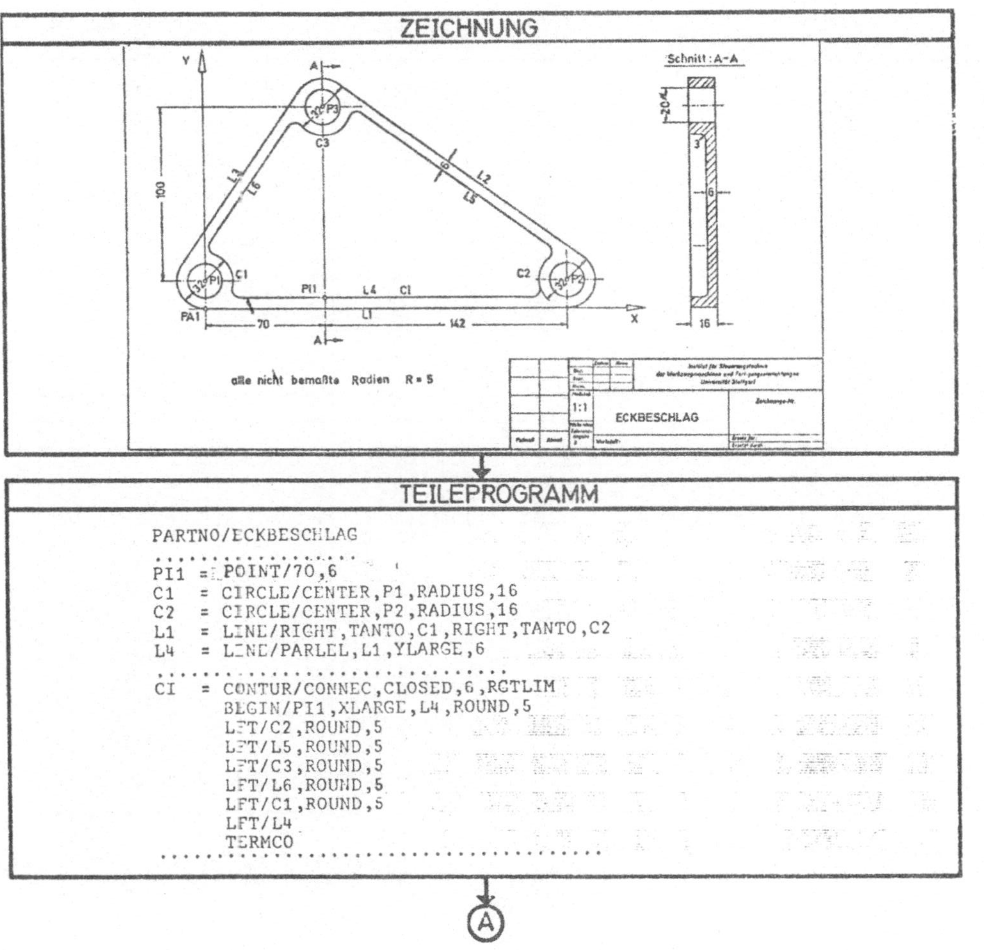

Bild 4/2:   Darstellungsarten einer Kontur (I)

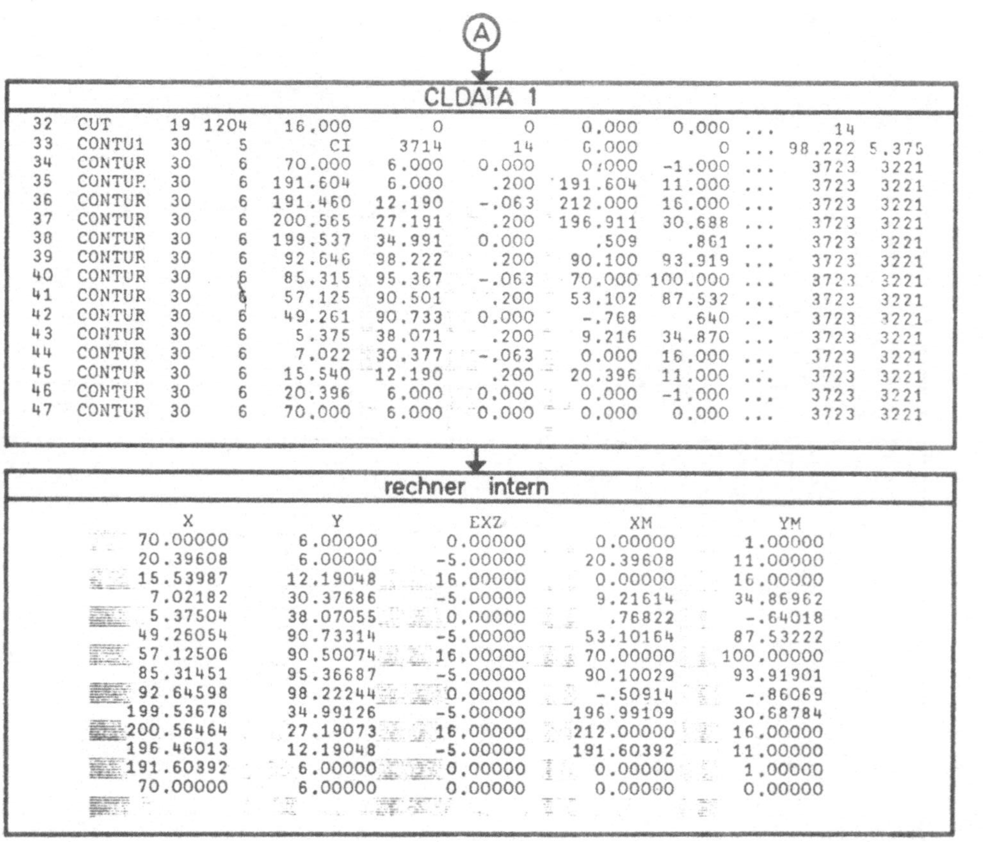

CLDATA 1

32	CUT	19	1204	16.000	0	0	0.000	0.000	...	14	
33	CONTU1	30	5	CI	3714	14	6.000	0	...	98.222	5.375
34	CONTUR	30	6	70.000	6.000	0.000	0.000	-1.000	...	3723	3221
35	CONTUP.	30	6	191.604	6.000	.200	191.604	11.000	...	3723	3221
36	CONTUR	30	6	191.460	12.190	-.063	212.000	16.000	...	3723	3221
37	CONTUR	30	6	200.565	27.191	.200	196.911	30.688	...	3723	3221
38	CONTUR	30	6	199.537	34.991	0.000	.509	.861	...	3723	3221
39	CONTUR	30	6	92.646	98.222	.200	90.100	93.919	...	3723	3221
40	CONTUR	30	6	85.315	95.367	-.063	70.000	100.000	...	3723	3221
41	CONTUR	30	6	57.125	90.501	.200	53.102	87.532	...	3723	3221
42	CONTUR	30	6	49.261	90.733	0.000	-.768	.640	...	3723	3221
43	CONTUR	30	6	5.375	38.071	.200	9.216	34.870	...	3723	3221
44	CONTUR	30	6	7.022	30.377	-.063	0.000	16.000	...	3723	3221
45	CONTUR	30	6	15.540	12.190	.200	20.396	11.000	...	3723	3221
46	CONTUR	30	6	20.396	6.000	0.000	0.000	-1.000	...	3723	3221
47	CONTUR	30	6	70.000	6.000	0.000	0.000	0.000	...	3723	3221

rechner intern

X	Y	EXZ	XM	YM
70.00000	6.00000	0.00000	0.00000	1.00000
20.39608	6.00000	-5.00000	20.39608	11.00000
15.53987	12.19048	16.00000	0.00000	16.00000
7.02182	30.37686	-5.00000	9.21614	34.86962
5.37504	38.07055	0.00000	.76822	-.64018
49.26054	90.73314	-5.00000	53.10164	87.53222
57.12506	90.50074	16.00000	70.00000	100.00000
85.31451	95.36687	-5.00000	90.10029	93.91901
92.64598	98.22244	0.00000	-.50914	-.86069
199.53678	34.99126	-5.00000	196.99109	30.68784
200.56464	27.19073	16.00000	212.00000	16.00000
196.46013	12.19048	-5.00000	191.60392	11.00000
191.60392	6.00000	0.00000	0.00000	1.00000
70.00000	6.00000	0.00000	0.00000	0.00000

<u>Bild 4/2</u>: Darstellungsarten einer Kontur (II)

Eine Kontur besteht grundsätzlich aus einer Verknüpfung
einzelner, vorher definierter geometrischer Elemente.
Das Teileprogramm ist die Eingabe für die rechnerunterstützte Verarbeitung. Aus technischen Gründen (siehe
Kap.6) unterteilt man sie in mehrere Phasen.
Die erste Phase (geometrisches Verarbeitungsprogramm)
führt die Darstellung der einzelnen Konturelemente
auf eine kanonische Form zurück (CLDATA 1). Die Anfangskoordinaten und die Komponenten des normalen Einheitsvektor
beschreiben

```
*****************************************************************************
*                                          *                                *
*            SATZ-AUFBAU                    *           DEFINITION           *
*                                          *                                *
*****************************************************************************
*                                          *                                *
*  W 1(INTEGER) = LAUFENDE NUMMER          *                                *
*  W 2(INTEGER) =      30                   * DIESER SATZ HAT TYPE 30 IN EXAPT 2
*  W 3(INTEGER) =       6                   *                                *
*                                          * S1 = X-WERT                     *
*  W 4(REAL    ) =     S1                   * S2 = Y-WERT                     *
*  W 5(REAL    ) =     S2                   * S3 = EXZ-WERT                   *
*  W 6(REAL    ) =     S3                   * S4 = XM-WERT (MITTELPUNKT)      *
*  W 7(REAL    ) =     S4                   * S5 = YM-WERT (MITTELPUNKT)      *
*  W 8(REAL    ) =     S5                   * S6 = HA-WERT (HALBACHSE) Z.ZT=0 *
*         OR        BLANK                    * S7 = HB-WERT (HALBACHSE) Z.ZT=0 *
*  W 9(REAL    ) =     S6                   * S8 = RAUHEIT                    *
*  W10(REAL    ) =     S7                   * S9 = PASSLAENGE                 *
*  W11(INTEGER) =   3722  (UNLIM)           * DIE ERSTEN ZWEI STELLENLLEN GEBEN
*         OR        3723  (RGTLIM)          * DIE NUMMER DES KORREKTURSCHALTERS
*         OR        3724  (ONLIM)           * FUER DIE FRAESERLAENGENKORREKTUR AN
*         OR        3725  (LFTLIM)          * SXY DIE LETZTEN ZWEI STELLEN GEBEN
*  W12(INTEGER) =   3221  (ROUGH)           * DIE NUMMER DES KORREKTURSCHALTERS
*         OR        3222  (FIN)             * FUER DIE FRAESERRADIUSKORREKTUR AN
*         OR        3223  (FINE)            *                                *
*  W13(REAL    ) =     S8                   *                                *
*  W14(REAL    ) =     S9                   *                                *
*  W15(INTEGER) =   SXY                     *                                *
*                                          *                                *
*****************************************************************************
```

<u>Bild 4/3</u>: CLDATA-Beschreibung eines Konturelementes

beschreiben ein Geradenstück; ein Kreisbogen wird durch
die Anfangskoordinaten, die Mittelpunktskoordinaten und
die Krümmung dargestellt; um den Umlaufsinn des Kreisbogens
eindeutig festzulegen, wird dem Wert der Krümmung ein Vorzeichen zugeordnet (Bild 4/1). Der Endpunkt des jeweiligen
Elementes ist der Anfangspunkt des nächsten Elementes.
Diese kanonische Form enthält mehr Informationen als
unbedingt erforderlich für eine eindeutige Beschreibung
der einzelnen Konturelemente. Sie werden jedoch alle
im Lauf der weiteren Verarbeitung häufig verwendet.
Darum werden sie einmal berechnet und den weiteren
Programmen zur Verfügung gestellt.
Im Bild 4/2 sind die verschiedenen Darstellungsweisen
einer Kontur (Zeichnung, Teileprogramm, CLDATA 1) aufgeführt. Bild 4/3 zeigt den Satzaufbau eines Konturelementes in CLDATA-Format [48].
Die Darstellung einer vollständigen Bearbeitungsaufgabe,
bestehend aus einer oder mehreren Konturen, fängt an
mit einem Satz, der die Anzahl der zu berücksichtigenden Konturen, sowie den Z-Wert der für alle zu zerspanenden Zylinder gemeinsamen oberen Begrenzungsfläche
angibt (Satz 32 der in Bild 4/2 dargestellten CLDATA 1).
Jede Konturbeschreibung beginnt mit der Angabe der Anzahl der Konturelemente sowie des Z-Wertes der unteren
Begrenzungsfläche (Satz 33). Die CLDATA 1 ist die Eingabe für die nächste Phase des Verarbeitungsprogrammes.
Die CLDATA 1 wird eingelesen und in geeigneter Form im
Zentralspeicher abgelegt. Diese Form ist wichtig, da
alle anschließenden Programmteile auf diese rechnerinterne Darstellung der Fertigungsaufgabe zurückgreifen.
Der Informationsinhalt ändert sich nicht, nur die Darstellung.
Für die rechnerinterne Behandlung ist die Einführung
von Feldern naheliegend. So wird die X-Koordinate des

Anfangspunktes des I.Elementes an der i.Stelle im X-Feld,
X(I) eingetragen. Die Y-Koordinate in Y(I), die Krümmung in EXZ(I), die Mittelpunktskoordinaten bzw. die
Komponenten des normalen Einheitsvektors in XM(I) und
in YM(I).

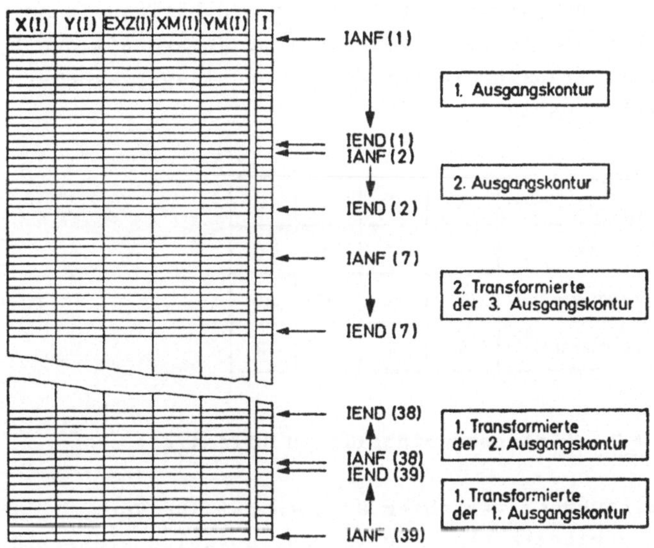

Bild 4/4: Rechnerinterne Platzcodierung für Konturen

Da eine Bearbeitungsstelle aus mehreren Konturen bestehen kann, da zudem bei der Aktualisierung und bei der
Bestimmung geeigneter Werkzeugdurchmesser für jede Kontur der Bearbeitungsstelle zwei Transformationen durchgeführt und abgespeichert werden müssen, stellt sich
die Frage nach einer optimalen Konturlistenverwaltung.
Jede Kontur ist durch Angabe der Platznummer
in der Konturliste aufzufinden (Bild 4/4).

Die Kontur mit Platznummer j findet man von IANF(J) bis
IEND(J) in der Liste. Gesonderte Listen geben unter der
Platznummer die weiteren Merkmale der Kontur (obere und
untere Z-Wert, ...) an.
In einer Tabelle (<u>Bild 4/5</u>) werden die Platznummern
der bei einer Bearbeitungsstelle zu berücksichtigenden
Ausgangskonturen eingetragen, parallel hierzu wird buch-
geführt über die Platznummer der zugehörigen Transformationen. Diese Tabelle erlaubt zu jeder Zeit den Bezug
zwischen transformierter Kontur und Ausgangskontur und
umgekehrt herzustellen.

Laufende Nummer J / Konturtyp I	1	2	3	4
Ausgangskontur (I=1)	1	2	3	4
1. Transformierte (I=2)	39	38	37	36
2. Transformierte (I=3)	5	6	7	8

<u>Bild 4/5</u>: Platznummertabelle zu Bild 4/4

Die Einführung variabler Grenzen hat den Vorteil, daß
das Abspeichern einer Kontur nur soviel Speicherplätze
der Konturliste in Anspruch nimmt wie unbedingt erforderlich. Demzufolge ist es gleichgültig, ob einige Konturen mit vielen Elementen oder viele Konturen mit we-
nigen Elementen auftreten. Die Summe aller Elemente ist
maßgebend für den Zentralspeicherbedarf. Der Vorteil
der Speicherplatzersparnis überwiegt bei weitem den
Nachteil der Indexrechnung.

4.2. <u>Konturhandhabung und Transformationen.</u>

Bei der Aufstellung der geometrischen Auswahlkriterien
finden eine Reihe von Konturtransformationen Verwendung.
An dieser Stelle werden lediglich die einzelnen Transformationen definiert. Ihre fertigungstechnische Bedeutung sei nur ganz kurz angedeutet, die ausführliche In-
terpretation folgt später bei der Erläuterung der geometrischen Auswahlkriterien.
Bei der Programmierung eines Werkstückes kann der Teileprogrammierer den Umlaufsinn einer geschlossenen Kontur frei wählen. Die Angabe einer der Modifikatoren
RGTLIM, LFTLIM, ONLIM, UNLIM gibt die Lage des zu zerspanenden Volumens bzw. des Fertigteiles bezüglich der
Umrandung an [18, 19].
Um bei der rechnerinternen Verarbeitung allgemeingültige
Programme zu erhalten, wird für den Umlaufsinn der Konturen eine einheitliche Vereinbarung getroffen und zwar
so, daß das Fertigteil, bezogen auf den Umlaufsinn, links
von der Kontur liegt (LFTLIM).
Dies bedeutet, daß der Umlaufsinn eines Taschenrandes
immer mathematisch negativ, der Rand einer Insel innerhalb dieser Tasche dagegen mathematisch positiv sein
muß.Ist diese Forderung vom Teileprogramm nicht erfüllt,
wird der Umlaufsinn am Anfang der rechnerinternen Verarbeitung gedreht (<u>Bild 4/6</u>).
Das Einhalten der technologischen Bedingungen:
  - Gegenlauf- oder Gleichlauffräsen
  - Drehrichtung des Werkzeuges
erfordert unter Umständen nach der Berechnung der Fräserbahnen und vor ihrer Ausgabe ein weiteres Drehen dieser
Bahnen.

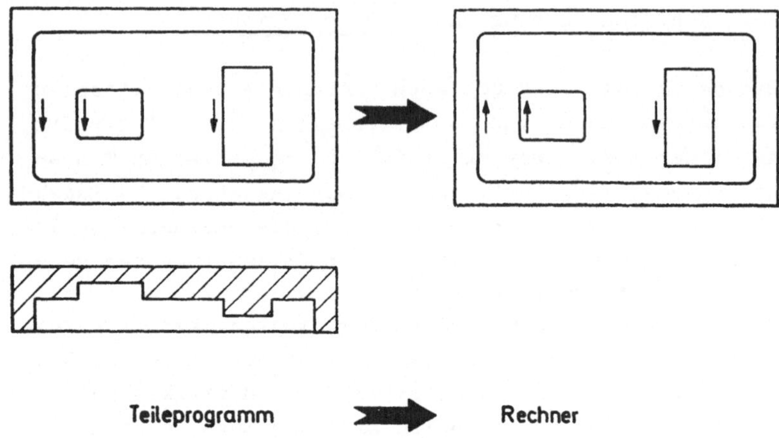

Bild 4/6: Umlaufsinn von Konturen

4.2.1. Die Äquidistantentransformation.

Die Äquidistantenbildung ist der Grundbaustein der MEANDR-
Bahnzerlegung. Die Durchführung dieser Konturtransforma-
tion ist in [4] beschrieben. Es wird dabei unterschieden
zwischen der virtuellen und der reellen Konturäquidis-
tanten (Bild 4/7).
In allen Fällen gilt, daß, bezogen auf den Umlaufsinn,
die Äquidistante rechts von der Ausgangskontur liegt
(der äquidistante Abstand ist positiv). Entspricht dieser Abstand dem halben Durchmesser eines Werkzeuges, dann
ist die reelle Konturäquidistante der Verfahrweg des
Werkzeugmittelpunktes bei einem Konturschnitt. Die Berandung der Grundfläche des Restvolumens nach diesem
Konturschnitt wird durch die Äquidistante mit dem Werk-

zeugdurchmesser als Abstand dargestellt. Die erste Äquidistante bezeichnet man als Radiusäquidistante, die
zweite als Durchmesseräquidistante.

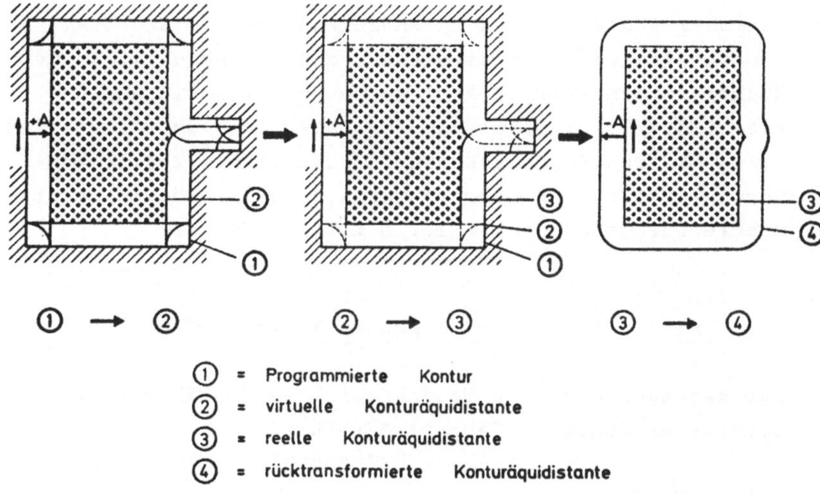

Bild 4/7: Konturtransformationen

Treten in der Ausgangskontur Einschnürungen auf, kann
der Fall eintreten, daß die Radiusäquidistante sich
schneidet. In diesem Fall liegt für ein Werkzeug mit
diesem Radius ein Engpass vor. Die reelle Äquidistante
zerfällt in einzelne Teile, die alle doppelpunktfrei sind.

4.2.2. Die Rücktransformation.

Die Rücktransformation ist ein wichtiges Hilfsmittel für
die geometrischen Auswahlkriterien. Sie wurde im Rahmen

dieser Arbeit entwickelt. Ihre Anwendung ermöglicht die
Bestimmung der Berandung des mit einem bestimmten Werkzeug zerspanbaren Volumens. Dabei ist die vorher gebil-
dete reelle Konturäquidistante die Ausgangskontur. Für
diese Kontur wird die reelle Konturäquidistante mit
gleichem Abstand, doch in entgegengesetzter Richtung
berechnet; der Äquidistantenabstand ist negativ. In der
Rücktransformierten treten keine Doppelpunkte auf, und
wie Bild 4/7 zeigt, ist das Ergebnis nicht unbedingt identisch mit der Ausgangskontur. Zerfällt die reelle Konturäquidistante in mehrere Teile, muß die Rücktransformierte für jeden dieser Teile gebildet werden.

4.3. Prinzip der vorgeschlagenen Arbeitsabläufe.

Für das Ausräumen von Taschen gibt es in EXAPT 3 zwei
bereits erwähnte Verfahren: MEANDR
                          ZIGZAG
Beiden Verfahren ist gemeinsam, daß die gesamte Bearbeitung mit nur einem Werkzeug durchgeführt wird. Durch
die Geometrie der Bearbeitungsstelle ist der maximale
Durchmesser dieses Werkzeuges und demzufolge in der Regel auch die maximale Einsatztiefe festgelegt. Dadurch
ist es nur selten möglich, größere Werkzeuge, die durch
eine höhere Spanleistung gekennzeichnet sind, einzusetzen.
Der Ausweg aus diesem Problem ist der Einsatz mehrerer
Werkzeuge mit unterschiedlichen Durchmessern an einer
Bearbeitungsstelle. In der vorliegenden Arbeit werden
zwei Verfahren vorgestellt (Bild 4/8). Sie unterscheiden
sich durch die Einsatzreihenfolge und die Aufgabe der
einzelnen Werkzeuge.

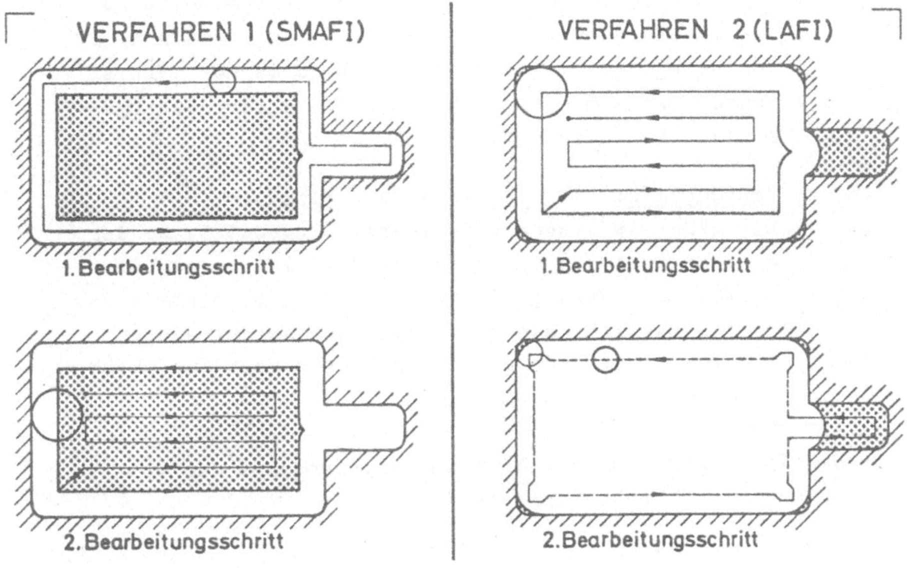

Bild 4/8: Prinzip der Arbeitsablaufverfahren.

An dieser Stelle ist nur das Prinzip beider Verfahren
dargestellt; die Festlegung der einzelnen Werkzeugdurchmesser sowie die rechnerinterne Ermittlung der jedem
Werkzeug zugeordneten Aufgabe wird ausführlich in Abschnitt 4 und 5 behandelt.

Verfahren 1: SMAFI (SMAllest tool FIrst)
Das erste Verfahren setzt zuerst das kleinste aus-
gewählte Werkzeug ein. Mittels eines Konturschnitts
mit der Eingriffsgröße

$$e = d$$

fertigt dieses Werkzeug die Eckenradien und die eventuell auftretenden Einschnürungen. Das größte Werkzeug räumt dann das restliche zu zerspanende Material weg. Bei diesem Verfahren ist es prinzipiell

möglich, mehr als zwei Werkzeuge pro Bearbeitungsstelle einzusetzen. Alle Werkzeuge, mit Ausnahme
des Werkzeuges mit dem größten Durchmesser, führen
ausschließlich einen Schnitt entlang der Ausgangskontur (Konturschnitt) durch.

Verfahren 2: LAFI (LArgest tool FIrst)
Das größte Werkzeug wird zuerst eingesetzt, um den
größten Teil des zu zerspanenden Volumens abzuarbeiten. Die Fertigteilkontur wird dabei nicht verletzt. Das kleinste Werkzeug räumt anschließend
die Teile weg, die mit dem größeren Werkzeug nicht
zerspant werden konnten.

Der Teileprogrammierer kann im Teileprogramm das von ihm
gewünschte Verfahren ansprechen.

4.4. Werkzeugsuchstrategie.

Bei der Ermittlung geometrischer Bestimmungskriterien
stellt sich zunächst die Frage nach den Abmessungen
der zur Auswahl stehenden Werkzeuge.
Dabei gibt es drei Möglichkeiten:
- die erste Möglichkeit besteht darin, daß die Maße
  der Werkzeuge innerhalb bestimmter Grenzen jeden
  Wert annehmen können. In diesem Falle lassen sich
  Werkzeuge ermitteln, die zwar alle Auswahlkriterien
  erfüllen, deren Beschaffung jedoch sehr kostspielig und unter Umständen sehr zeitverzögernd wirkt,
  da es sich dabei in der Regel um Werkzeuge handelt,
  deren Maße nicht gängig sind. Nur bei sehr großen
  Losgrößen sollte von dieser Möglichkeit Gebrauch
  gemacht werden.

- die zweite Möglichkeit beschränkt sich auf Werkzeuge, die laut Werkzeugkartei für die vom Teileprogrammierer gewünschte Werkzeugmaschine vorhanden

sind. Die nach diesem Verfahren ausgewählten Werkzeuge sind zwar sofort einsetzbar, ist jedoch die
vorhandene Werkzeugmenge gering, dann besteht die
Gefahr, daß weniger geeignete Werkzeuge verwendet
werden müssen.

- die dritte Möglichkeit geht von allen in der DIN-
  Norm empfohlenen Werkzeugmaßen aus. Dadurch ergibt
  sich die Möglichkeit, geeignete Werkzeuge auszu-
  wählen. Ist ein Werkzeug nicht auf Lager, bleiben
  die Kosten und Lieferzeiten bei Bestellung niedrig,
  da es sich um normierte Werkzeuge handelt.

Aufbauend auf den anschließend beschriebenen Auswahlkriterien, ist die exakte, analytische Ermittlung der verlang-
ten Werkzeugdurchmesser rechnerisch sehr aufwendig
(siehe 4.5.1). Demgegenüber erlaubt eine einfache Untersuchung der Konturtransformationen die Feststellung, ob
ein Werkzeug alle Kriterien erfüllt oder nicht. Diese
Eigenschaft, die aus der Beschreibung der Auswahlkriterien
klar hervorgeht, hat zu folgender Suchstrategie geführt:
ausgehend von einem einfachen Auswahlkriterium wird ein
maximaler Durchmesser als erster Vorgabewert errechnet
und geprüft, ob dieses Werkzeug alle Auswahlkriterien erfüllt. Ist dies nicht der Fall, wird ein neuer Vorgabewert ermittelt und die Prüfung neu durchgeführt. Diese
Prüfung gibt Auskunft darüber, ob der Vorgabewert zu
klein oder zu groß ist. Die Iteration wiederholt sich,
bis die Differenz zweier aufeinanderfolgender Vorgabewerte eine im Programm festzulegende Grenze nicht überschreitet. Zur Bestimmung neuer Vorgabewerte sind in dieser Arbeit zwei Verfahren vorgesehen (Bild 4/9).

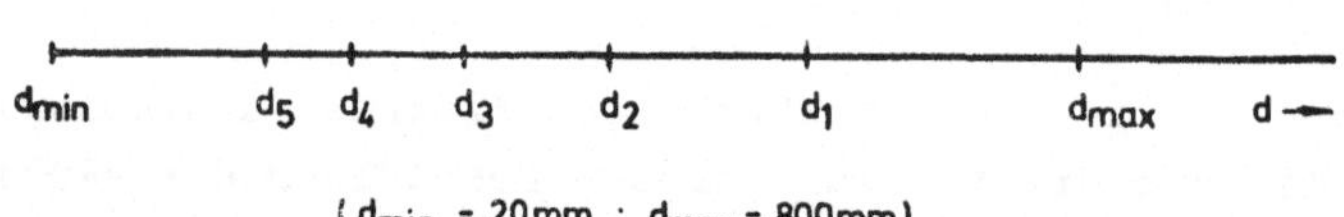

<u>Bild 4/9</u>: Werkzeugsuchstrategie

1. <u>Verfahren</u>

Es sei d_{n-1} der letzte Vorgabewert, dann ergibt sich der neue Vorgabewert d_n aus:

$$d_n = d_{n-1} + c_d \cdot \frac{|d_{n-2} - d_{n-1}|}{2} \quad \text{für } n > 2 \quad (4-1)$$

mit $\quad c_d = +1 \qquad$ für d_{n-1} zu klein

$\qquad\quad c_d = -1 \qquad$ für d_{n-1} zu groß

Bei der Bestimmung des zweiten Vorgabewertes ($n = 2$) gilt Gl.(4-1) mit

$$d_{n-2} = d_{min}$$

und $\quad c_d = -1$

wobei d_{min} der kleinste Durchmesser der für diese
Bearbeitung zur Verfügung stehenden Werkzeuge ist.
Die Iteration wird abgebrochen, sobald folgende
Bedingung erfüllt ist:

$$|d_n - d_{n-1}| < t_1 \cdot d_n \quad \text{für } o < t_1 < 1$$

<u>2.Verfahren</u>

Bei diesem Verfahren ergibt sich der neue Vorgabewert aus:

$$d_n = d_{n-1} - t_2 \cdot d_{n-1} \quad \text{für } n > 1$$
$$\text{und } o < t_2 < 1$$

Die Iteration wird abgebrochen, sobald ein Werkzeug alle Auswahlkriterien erfüllt.
Die Werte t_1 und t_2 sind vom Benutzer des Programmes frei wählbar und bestimmen indirekt die Anzahl
der Iterationsschritte. Der Wert $t_2 = 0.25$ bedeutet, daß, ausgehend vom maximalen Vorgabewert, bei
jedem Iterationsschritt der nächst kleinere aus der
Reihe der in DIN vorgeschlagenen Durchmesser als
Vorgabewert genommen wird.

Das zweite Verfahren bietet sich an, wenn wenig Werkzeuge
zur Auswahl stehen und jedes Werkzeug auf seine Brauch-
barkeit zu untersuchen ist. Stehen viele Werkzeuge zur
Auswahl, dann bietet sich das erste Verfahren an.

Beim Einsatz mehrerer Fräswerkzeuge an einer Bearbeitungsstelle ist nach einem Bearbeitungsschritt das zerspante
Volumen und das restliche Volumen abhängig vom Durchmesser das eingesetzten Werkzeuges. Um das folgende Werkzeug ermitteln zu können, muß der Durchmesser des vorher
eingesetzten Werkzeuges exakt bekannt sein. Es ist nicht

möglich, wie es bei der Ermittlung von Werkzeugen für Vor-
bohroperationen [72] gehandhabt wird, Durchmesserbereiche
anzugeben und nach der Ermittlung aller Durchmesserbereiche
durch einmaliges Durchlaufen der Liste der vorhandenen
Werkzeuge, die exakten Werkzeugdurchmesser und Identnummern
festzulegen.
Bei der Auswahl von Fräswerkzeugen muß vielmehr unmittelbar
nach der Bestimmung eines Vorgabewertes, aus den zur Auswahl stehenden Werkzeugen ein Durchmesser festgelegt werden. Demzufolge muß, für den Fall, daß der Durchmesser
nicht jeden Wert annehmen kann, sowohl bei der Berechnung
des ersten Vorgabewertes als auch bei jedem Iterationsschritt die Werkzeugliste neu durchsucht werden. Diese
Liste enthält entweder alle in der DIN-Norm empfohlenen
Werkzeuge oder alle vorhandenen Werkzeuge für die vom Teileprogrammierer festgelegte Werkzeugmaschine.
Diese Werkzeugliste steht dem Rechner auf einem peripheren Speicher zur Verfügung. Der Zugriff auf diesem Speicher und das Lesen der Werkzeugliste soll möglichst selten vorkommen, da es in der Regel kostspielig ist. Am
Anfang der Werkzeugsuche jedoch liegen, unter Berücksichtigung der Technologie von Fräswerkzeugen (s. Kap.3),
bereits eine Reihe Daten fest:
    - Fertigungsverfahren
    - Mantel- und Stirngeometrie
    - Schneidstoff
    - Einsatztiefe
    - Bodenradius
    - Haupteinstellwinkel
Dadurch ist es möglich, die Liste der zur Auswahl stehenden Werkzeuge einmal zu durchsuchen und von diesen Werkzeugen, welche für die Bearbeitung in Frage kommen, Durchmesser und Identnummer sowie die für die Berechnung von
Schnittwerten erforderlichen Werkzeugdaten im Zentral-

speicher abzulegen. Demzufolge kann bei der iterativen
Suche die Anpassung an die zur Auswahl stehenden Werkzeuge anhand der im Zentralspeicher abgelegten und nach Größe geordneten Liste erfolgen. Da die Anzahl der laut DIN-
Norm vorzugsweise zu benützenden Durchmesser für einen
bestimmten Fräsertyp nur sehr gering ist (max. 20 für
Schaftfräser) ist der Zentralspeicherplatz für diese Liste sehr klein.

4.5. Geometrische Auswahlkriterien.

Bei den geometrischen Auswahlkriterien geht es vor allem
um die Bestimmung des Durchmessers der einzelnen Werkzeuge. Die folgende Darstellung geht davon aus, daß pro
Bearbeitungsstelle höchstens zwei Werkzeuge eingesetzt
werden. Bei der Beschreibung der Aktualisierung (Kapitel 5) wird kurz angedeutet, wie durch eine Transforma-
tion der Ausgangskontur mehr als zwei Werkzeuge zu ermitteln sind.
Der erste Teil dieses Abschnittes zeigt die Ermittlung der
oberen Grenze des kleinsten Werkzeuges. Der zweite Teil
befaßt sich mit den Abmessungen des zweiten Werkzeuges
für den Fall, daß überhaupt ein zweites Werkzeug zum Einsatz kommt. Hierfür sind vor allem wirtschaftliche Überlegungen maßgebend.

4.5.1. Oberste Grenze des kleinsten Durchmessers.

Die oberste Grenze des kleinsten Durchmessers ist durch
die Geometrie der Bearbeitungsstelle gegeben.
Als erstes Kriterium gilt der kleinste konkave Eckenradius.
Durch die rechnerinterne Vereinheitlichung des Umlaufsin-

nes von Konturen ist es möglich, bei der Ermittlung der
konkaven Rundung mit dem kleinsten Radius nur die Konturelemente mit einer Krümmung kleiner Null zu untersuchen (Bild 4/10).

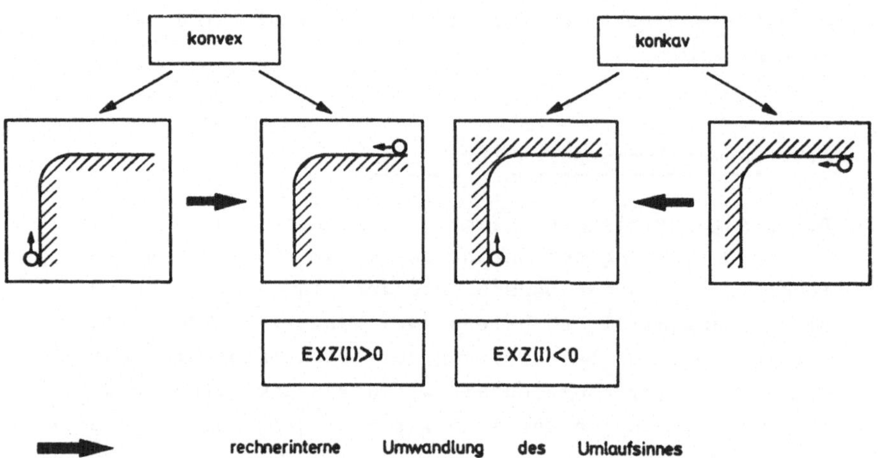

Bild 4/10: Erkennung einer konkaven Rundung
konvexen

An dieser Stelle erfolgt ebenfalls die Untersuchung nach
nicht fertigbaren Übergängen zweier Konturelemente
(Bild 4/11).
In diesem Fall erfolgt die Ausgabe einer Warnung für den
Teileprogrammierer. Das Verarbeitungsprogramm läuft weiter und errechnet die Verfahrwege so, daß bei der Fertigung dieser Übergang ersetzt wird durch eine Rundung,
dessen Radius dem Werkzeugradius entspricht. In vielen
Bearbeitungsfällen ist es nicht erlaubt, Rundungen mit
einem Werkzeug, dessen Radius genau der Größe der Run-

dung r_R entspricht, zu fertigen. Dadurch kann durch den Richtungswechsel beim Übergang von einem zum anderen Verfahrweg ein unerwünschtes Freischneiden stattfinden. Demzufolge gilt:

$$d_{min} = 2 \cdot t_3 \cdot r_R \quad \text{mit } o < t_3 \leq 1$$

Der Programmierer gibt den Wert von t_3 vor und kann diesen Wert im Laufe des Teileprogrammes durch eine entsprechende Anweisung ändern.
Dieses Kriterium liefert den ersten Vorgabewert für die nachfolgenden Suchstrategien.

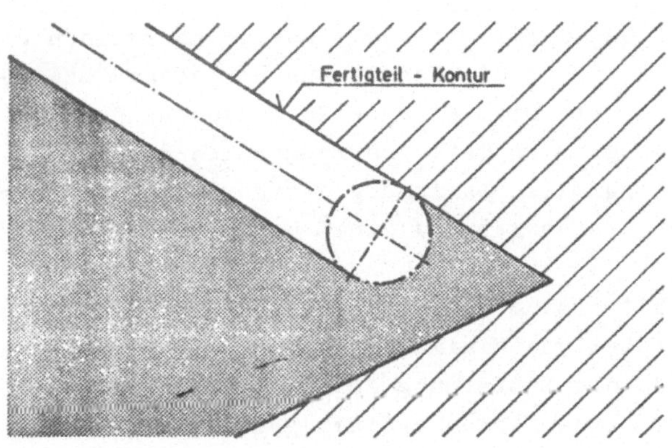

Bild 4/11: Nicht fertigbarer Übergang

Das zweite Kriterium berücksichtigt die Engpässe, die den Konturschnitt beeinträchtigen. Dazu gehören sowohl die Engpässe in der umfassenden Berandung des zu zerspanenden Volumens (Umfassende) als auch die Engpässe, die zwischen der Umfassenden und Inseln auftreten. Hierfür wird die Radiusäquidistante an der Umfassenden sowohl auf Doppelpunkte mit sich selber als auch auf Doppel-

punkte mit den Radiusäquidistanten an den Inseln geprüft.
Tritt ein nicht fertigbarer Engpaß auf, wird mit Hilfe
einer der oben (Kap.4.4) angegebenen Suchstrategien ein
Werkzeug gesucht, das den Engpaß fertigen kann. Der erste
Vorgabewert für die Suchstrategie folgt aus dem ersten
Kriterium.

Die folgende Ausführung zeigt den Aufwand, der erforderlich ist für eine exakte analytische Bestimmung der Größe
des Engpasses in der Umfassenden.
Die Bestimmung der kürzesten Entfernung von jedem Element
zu allen anderen ist die Ausgangsbasis für die Ermittlung
der Engpassgröße (Bild 4/12).
Für Kreise und Geraden ist dieses Problem analytisch einfach lösbar, da jedoch die Kontur aus Kreisbogen bzw. Ge-
radestücken besteht, gibt es eine Reihe von Randbedingungen, die den größten Teil des Programmes ausmachen. Den
Programmablauf für die Bestimmung der kürzesten Entfernung
zwischen einem Kreisbogen und einem Geradenstück zeigt
Bild 4/13.
Die kürzeste Entfernung von einem Element zu allen ande-
ren kann ein relatives Minimum aufweisen. (Das absolute
Minimum = 0, da die Entfernung zu einem Nachbarelement
Null ist, weil beide Elemente einen gemeinsamen Punkt
haben).
Die relativen Minima werden geordnet. Das absolute Mini-
mum dieser relativen Minima ist ein Engpaß (Bild 4/12).
Er kann entweder im Fertigteil oder im zu zerspanenden
Teil des Werkstücks liegen (Bild 4/14).
Die Punkte PA_i und PE_i sind Anfangs- bzw. Endpunkt des
Geradenstückes, das die beiden Elemente, die den Engpaß
bilden, über die kürzeste Entfernung verbindet.

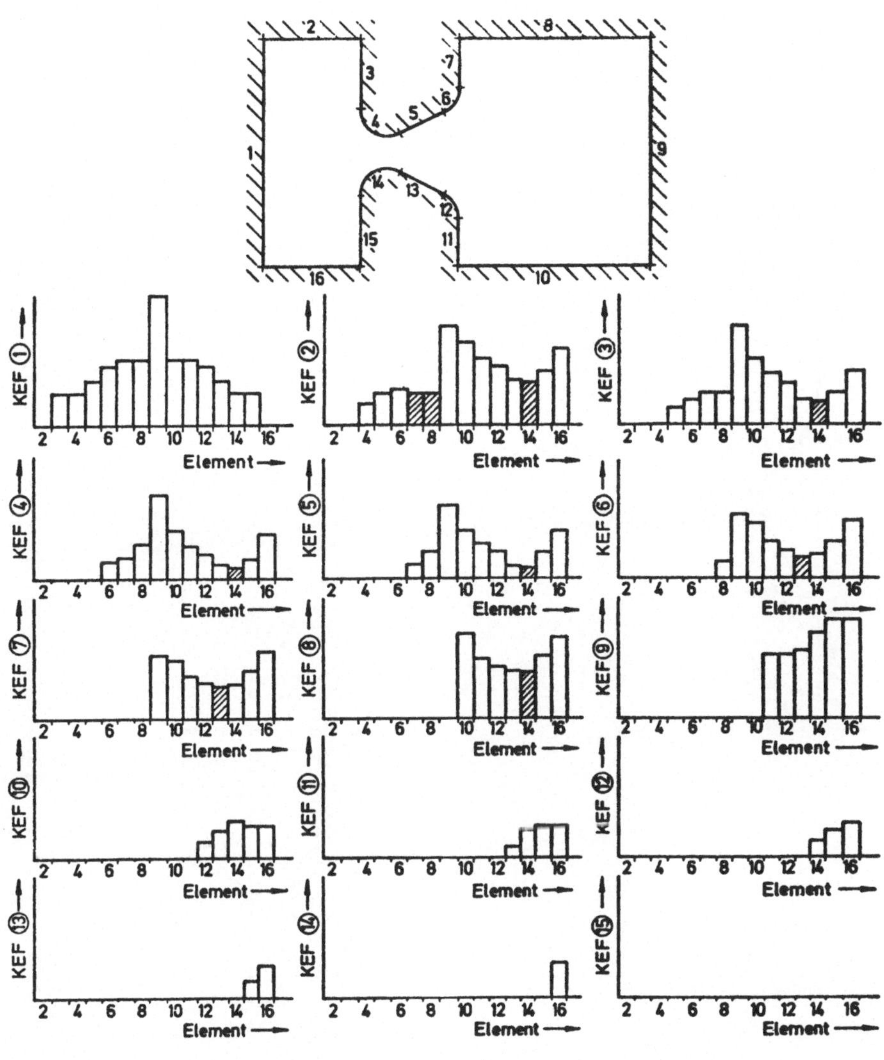

Bild 4/12: Kürzeste Entfernung zwischen Elementen einer Kontur

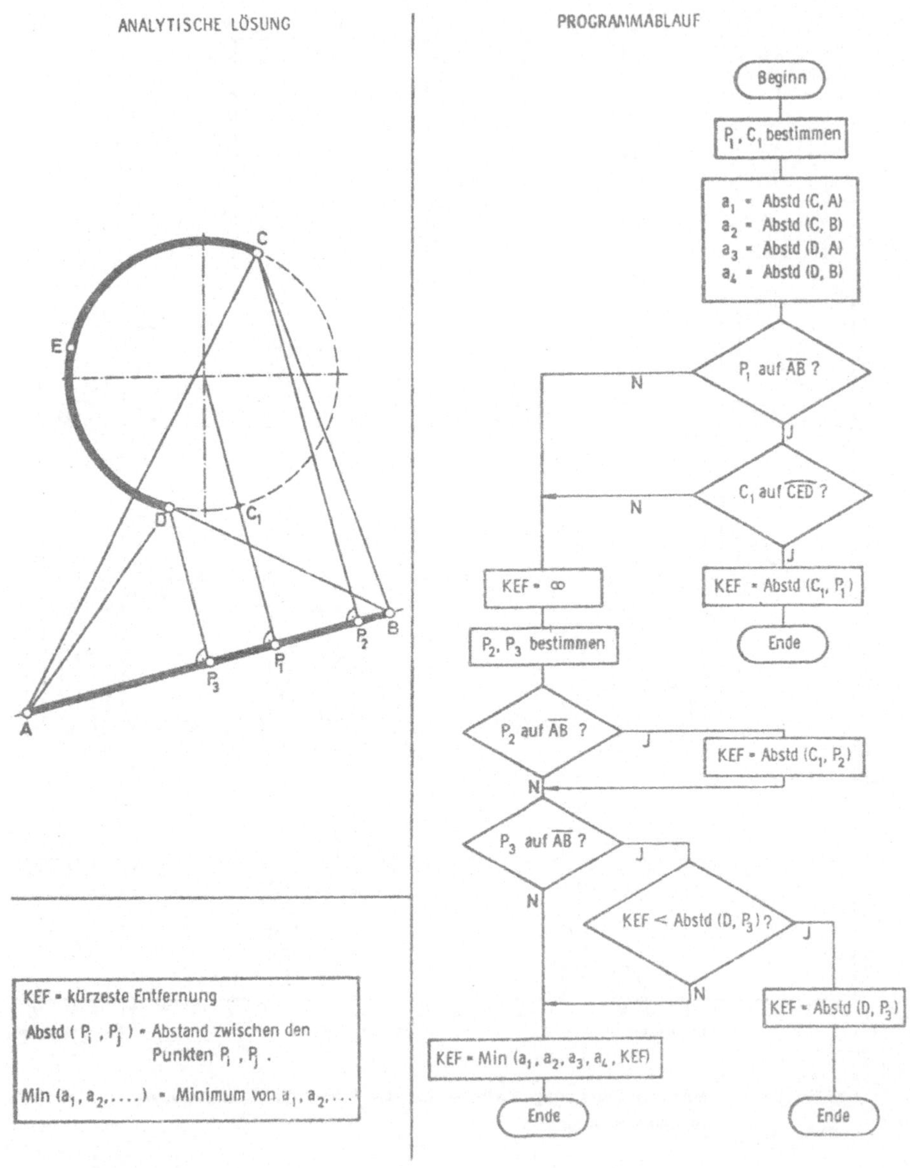

Bild 4/13: Kürzeste Entfernung Kreisbogen-Geradenstück

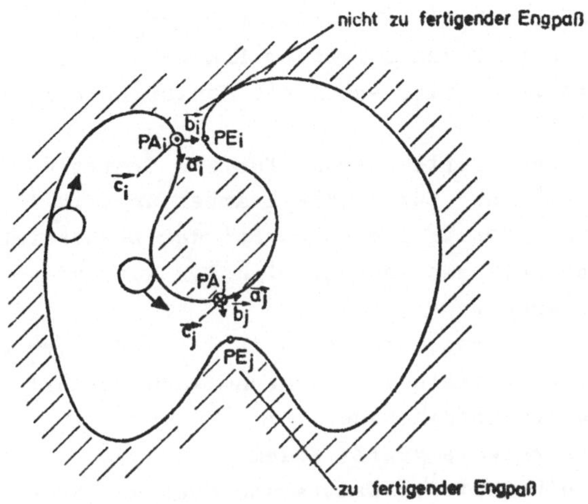

<u>Bild 4/14</u>: Unterschiedliche Engpässe

Es sei $\vec{a}_i$ der Einheitsvektor im Punkt PA_i, tangential
an der Kontur und in Richtung des vereinheitlich-
ten Umlaufsinnes und
$\vec{b}_i$ der Einheitsvektor im Punkt PA_i und von
PA_i nach PE_i gerichtet.
Das Vektorprodukt

$$\vec{c}_i = \vec{a}_i \times \vec{b}_i$$

mit $\quad \vec{c}_i = c_i \cdot \vec{e}_z$

zeigt, ob der Engpaß im zu zerspanenden Bereich liegt
oder nicht.
Ist c_i positiv (d.h. der Vektor $\vec{c}_i$ ist nach oben gerichtet), dann liegt der Engpaß im Fertigteilbereich und

ist nicht weiter zu betrachten.

Für das erste relative Minimum, bei dem c_i negativ ist,
tritt ein zu berücksichtigender Engpaß auf. Existieren
keine relative Minima, weist die Kontur keinen Engpaß
auf.

Der hier geschilderte Aufwand für die Ermittlung einer
Engstelle gilt nur für solche Bearbeitungsstellen, die
aus nur einer Kontur bestehen. Bei der Berücksichtigung von
Inseln oder weiteren Taschen wird der Aufwand um ein
Vielfaches größer.

Der weitere Verlauf der Arbeit zeigt, daß durch die
Werkzeugsuchstrategie der Rechenaufwand verhältnismäßig
klein gehalten werden kann.

Diese Suchstrategie greift zudem zurück auf Programme,
die ohnehin bereits im Zentralspeicher vorhanden sind.
Dadurch ist der Zentralspeicherbedarf viel geringer,
als für die exakte Bestimmung erforderlich wäre.

4.5.2. Ermittlung des Werkzeuges größeren Durchmessers.

Bei dem ersten Arbeitsablaufverfahren (SMAFI) sind für
die Bestimmung des Durchmessers des größeren Werkzeuges
drei Kriterien zu prüfen.
Für das zweite Arbeitsablaufverfahren (LAFI) gilt nur
das dritte Kriterium.

1. Ein vorgegebenes Verhältnis von Eingriffsgröße
   zu Durchmesser darf nicht überschritten werden.
2. Das nächste Werkzeug muß in der Lage sein, die
   Restpartie vollständig abzuarbeiten.
3. Die Mehrkosten des Einsatzes eines weiteren Werkzeuges müssen durch eine kürzere Fertigungszeit
   wieder aufgeholt werden.

1. Überdeckungsverhältnis

Das Überdeckungsverhältnis ist das Verhältnis von Eingriffsgröße e zu Durchmesser d. Viele Werkzeuge sind theoretisch in der Lage, mit einem Überdeckungsverhältnis gleich eins zu arbeiten; jedoch wird sehr häufig für das Ausräumen von Taschen aus technologischen Gründen ein maximales Überdeckungsverhältnis $ü_{max}$ vorgegeben. Sei d_1 der Druchmesser des vorangegangenen Werkzeugs, so bestehen zwischen dem Durchmesser des größeren Werkzeuges d_2 und dessen Eingriffsgröße e unter Berücksichtigung eines Sicherheitsabstandes c_a folgende Beziehungen (Bild 4/15)

$$d_1 + e = d_2 + c_a \qquad (4-2)$$

und $\quad ü = \dfrac{e}{d_2}$

Falls $ü = ü_{max}$ gilt, folgt aus Gl.(4-2) die obere Grenze für d_2:

$$d_{2max} = \frac{d_1 - c_a}{1 - ü_{max}} \qquad (4-3)$$

Bild 4/15 stellt Gl.(4-3) dar.

2. Abarbeiten der Restpartie

Das vom kleineren Werkzeug nicht zerspante Volumen (Restpartie) muß vollständig zerspant werden, ohne dabei die Fertigteilkontur zu verletzen (Bild 4/16).
Aus einer Analyse der Durchmesseräquidistante des vorigen Werkzeuges und der Fertigteilkontur läßt sich auch in diesem Fall die obere Grenze des Durchmessers, der die oben angegebene Bedingung erfüllt, exakt ermitteln.

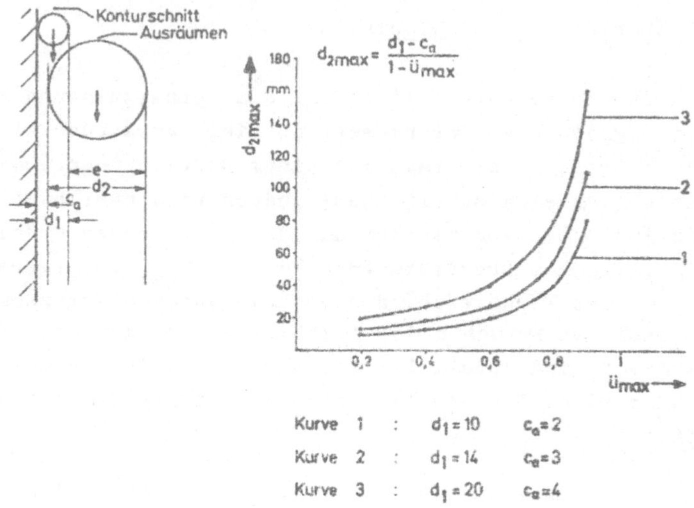

Bild 4/15: Berücksichtigung des Überdeckungsverhältnisses

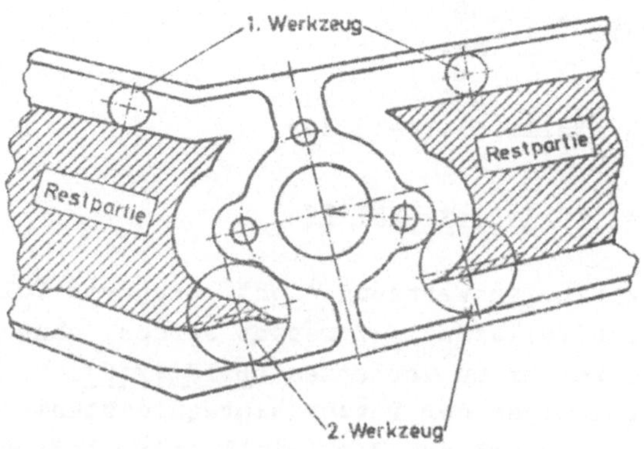

Bild 4/16: Restpartieanalyse

Aber auch hier gilt, daß der erforderliche Programmaufwand, der benötigte Zentralspeicherplatz und die Rechenzeit im Vergleich zu der iterativen Lösung der Werkzeugsuchstrategie zu umfangreich sind.
Der erste Vorgabewert für die Iteration ist der durch das Überdeckungsverhältnis gegebene maximale Durchmesser (d_{2max})..Die Rücktransformierte mit dem Radius dieses Werkzeuges als äquidistantem Abstand, beschreibt die Umrandung des zerspanbaren Volumens (Bild 4/17).
Die reelle Äquidistante mit dem Durchmesser des kleineren Werkzeuges als äquidistantem Abstand beschreibt die Umrandung des restlichen zu zerspanenden Volumens.

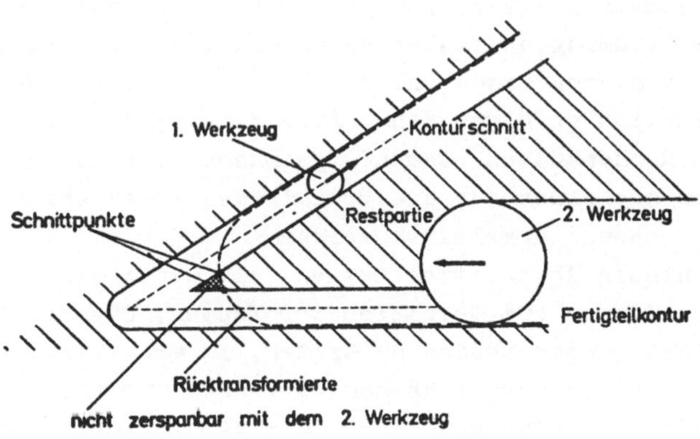

Bild 4/17: Restpartieanalyse

Schneiden sich die beiden Umrandungen, dann ist das vorgesehene Werkzeug nicht in der Lage, das restliche Material zu zerspanen. Unter Anwendung einer der oben angegebenen Werkzeugsuchstrategien muß ein neuer Vorgabewert bestimmt werden. Dieses Verfahren wird solange durchlaufen, bis die Umrandung des mit dem vorgegebenen Werk-

zeug zerspanbaren Volumens keinen Schnittpunkt aufweist
mit der Umrandung des noch zu zerspanenden Volumens.

3. Kostenrechnung

Der Einsatz eines zweiten Werkzeugs beeinflußt die Fer-
tigungskosten. Die Fertigung einer Bearbeitungsstelle
mit zwei Werkzeugen ist nur dann sinnvoll, wenn der Vergleich zur Fertigung mit einem Werkzeug eine Kostensen-
kung gewährleistet. Die exakte Festlegung der Kosten für
die Fertigung mit einem oder mit zwei Werkzeugen ist nur
nach der Ermittlung aller Werkzeuge und nach der Berechnung sämtlicher Verfahrwege möglich. Das bedeutet, daß
die Bestimmung optimaler Werkzeuge nur nach einem vollständigen Programmdurchlauf für jede erlaubte Werkzeug-
kombination erfolgen kann. Dies führt jedoch zu sehr
hohen Rechenkosten. Demzufolge müssen die zu erwartenden
Kosten aus einer für die Optimierung ausreichenden Vorausberechnung abgeleitet werden.
Ziel dieses Abschnittes ist es, mit wenig Rechenaufwand
ein Verfahren zum Vergleich der Kosten, die bei beiden Fertigungsmethoden auftreten, zu erstellen. Da es
sich um einen Vergleich handelt, sind nur die Kostenfaktoren zu berücksichtigen, die vom Verfahren abhängig
sind und von denen wiederum nur der beeinflußbare Anteil.
Die zu berücksichtigenden Kostenfaktoren sind:

      1. Kosten für die Werkzeugbereitstellung

      2. Maschinenkosten incl. Werkzeugwechselkosten

      3. Werkzeugkosten

Kosten für die Werkzeugbereitstellung

Die Kosten in der Werkzeugbereitstellung (Voreinstellen,
Bereitstellen,...) sind firmenabhängig. Sie gehen als
konstante Größe pro Werkzeug (K_{wb}) in den Vergleich ein.

Maschinenkosten

1 Werkzeug pro Bearbeitungsstelle	2 Werkzeuge pro Bearbeitungsstelle		
	1. Arbeitsablaufverfahren (SMAFI)	2. Arbeitsablaufverfahren (LAFI)	
		1. Variante	2. Variante
Positionieren Eintauchen Ausräumen　* Zurückziehen	<u>kleineres Werkzeug</u> Positionieren Eintauchen Konturschnitt　* Eintauchstelle freilegen * Zurückziehen Werkzeugwechsel　* <u>größeres Werkzeug</u> Positionieren　* Ausräumen　* Zurückziehen　*	<u>größeres Werkzeug</u> Positionieren Eintauchen Ausräumen　* Zurückziehen Werkzeugwechsel　* <u>kleineres Werkzeug</u> Positionieren　* Restabarbeitung　* Zurückziehen　*	<u>kleineres Werkzeug</u> Positionieren Eintauchen Eintauchstelle freilegen * Zurückziehen Werkzeugwechsel　* <u>größeres Werkzeug</u> Positionieren　* Ausräumen　* Zurückziehen　* Werkzeugwechsel　* <u>kleineres Werkzeug</u> Positionieren　* Restabarbeitung　* Zurückziehen　*

<u>Bild 4/18</u>: Aufteilung der Bearbeitungsaufgabe

<u>Bild 4/18</u> zeigt die Aufteilung der gesamten Bearbeitungs-
aufgabe in die einzelnen, gemäß dem gewünschten Arbeitsablaufverfahren erforderlichen Bearbeitungsschritte.
Die mit * gekennzeichneten Teilaufgaben sind vom Verfahren
abhängig und bei einem Vergleich zu berücksichtigen.
Für das 2.Arbeitsablaufverfahren (LAFI) ist die zweite
Variante dann erforderlich, wenn das größere Werkzeug
nicht eintauchen kann und die Eintauchstelle für das
größere Werkzeug vom kleineren Werkzeug freizulegen ist.
An dieser Stelle sei nur das Prinzip des Kostenvergleichs

für die Fertigung mit einem Werkzeug und für die Fertigung mit zwei Werkzeugen nach dem ersten Bearbeitungsverfahren (SMAFI) erläutert (siehe Kap.4.3). Ähnliche
Formeln lassen sich bei der Anwendung des zweiten Be-
arbeitungsverfahrens aufstellen.
Die Zeit für das Eintauchen des Werkzeuges bis auf den
Boden des zu zerspanenden Volumens tritt bei allen Verfahren auf und fällt bei einem Vergleich außer Betracht.

<u>Vorausberechnung der veränderlichen Maschinenkosten beim
Einsatz eines Werkzeugs</u>

Bei der Vorausberechnung wird die Zeit, die erforderlich
ist für das Positionieren des Werkzeuges oberhalb des zu
zerspanenden Volumens, für das Zurückziehen nach der Bearbeitung und für den Werkzeugwechsel, zu einem Zeitfaktor t_{ww} zusammengefaßt. Mit der einzusetzenden Werkzeugmaschine liegt auch dieser Zeitfaktor fest. Die dabei
anfallenden Maschinenkosten betragen:

$$K_{ww} = t_{ww} \cdot K_{Ms}$$

Die Spanzeit eines Werkzeuges während eines Bearbeitungsschrittes ergibt sich aus:

$$\frac{\text{Verfahrweg}}{\text{Vorschubgeschwindigkeit}} \qquad (4-4)$$

Die einzusetzende <u>Vorschubgeschwindigkeit</u> ergibt sich
für jeden Bearbeitungsabschnitt aus dem Schnittwertmodell; dieses kann zu jeder Zeit und für jeden Bearbeitungs-
fall aufgerufen werden. Bei der Fertigung nach dem in
EXAPT 3 bisher üblichen Verfahren, - d.h. Einsatz von
nur einem Werkzeug, dessen Durchmesser d_1 sei, pro Bearbeitungsstelle sowie Beginn der Bearbeitung mit einem

Konturschnitt mit maximaler Eingriffsgröße —
setzt sich der Verfahrweg für die Zerspanung eines Zylinders, dessen Grundfläche A_z groß ist und dessen Umfang L_z lang ist, zusammen aus:

s_{ks} : Verfahrweg für den Konturschnitt mit einer Eingriffsgröße $e_{ks} = d_1$

und s_{ar} : Verfahrweg für die Abarbeitung des Restvolumens mit einer Eingriffsgröße $e_{ar} < d_1$

Zur Bestimmung von Vorgabewerten für diese beiden Verfahrwege gibt es folgende Näherungslösungen:

$$s_{ks} \approx L_z - 4d_1 \qquad (4-5)$$

Der Verfahrweg, den ein Werkzeug mit Durchmesser d und maximaler Eingriffsgröße braucht, um eine Fläche ganz zu überdecken, ergibt sich in erster Näherung aus dem Quotienten von Fläche und Eingriffsgröße e.

$$s \approx \frac{A}{e} \qquad (4-6)$$

Die Grundfläche des noch zu zerspanenden Zylinders ergibt sich aus der Differenz von Gesamtfläche und der beim Konturschnitt bereits überfahrenen Fläche. Mit der Eingriffsgröße e_{ar} folgt aus Gl. (4-6) der Verfahrweg zur Abarbeitung des noch zu zerspanenden Zylinders näherungsweise:

$$s_{ar} \approx \frac{A_z - s_{ks} \cdot e_{ks}}{e_{ar}} \qquad (4-7)$$

Aus den Gleichungen (4-4), (4-5) und (4-7) läßt sich die Zeit für das Ausräumen einer Tasche mit einem Werkzeug berechnen zu:

$$t' \approx \frac{s_{ks}}{u_{ks}} + \frac{s_{ar}}{u_{ar}}$$

wobei u_{ks} Vorschubgeschwindigkeit beim Konturschnitt
     u_{ar} Vorschubgeschwindigkeit beim Ausräumen

Vorausberechnung der veränderlichen Maschinenkosten beim Einsatz von zwei Werkzeugen

Zu diesen Kosten gehören die Kosten für:
- den Konturschnitt
- das Freilegen der Eintauchstelle für das größere Werkzeug
- das Ausräumen der Restpartie
- den Werkzeugwechsel incl. Positionieren und Zurückziehen

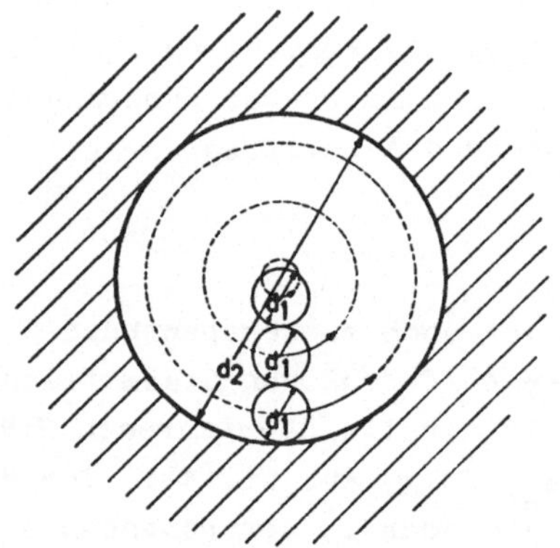

d_1 Durchmesser des   1. Werkzeuges

d_2 Durchmesser des   2. Werkzeuges

Bild 4/19: Freilegen der Eintauchstelle

Der Verfahrweg für den Konturschnitt mit dem kleineren Werkzeug (Durchmesser = d_1) geht aus Gl.(4-5) hervor. Anschließend legt dieses Werkzeug die Eintauchstelle für das größere Werkzeug frei. (Durchmesser = d_2) (Bild 4/19)

Läßt man die Zustellung von einem Kreis zum anderen weg,
dann berechnet sich der Verfahrweg aus:

$$s_{es} = \pi(d_2-d_1) + \pi(d_2-3d_1)\ldots+\pi(d_2-n_1d_1) \quad \text{oder}$$

$$s_{es} = \pi n_1(d_2-n_1d_1)$$

dabei ist n_1 die Anzahl der kreisförmigen Fräsbahnen, die
das kleinere Werkzeug für das Freilegen benötigt.
Diese Anzahl folgt aus dem nach oben abgerundeten Quotienten

$$n_1 = \frac{d_2}{2 \cdot d_1}$$

Somit gilt für die gesamte Spanzeit des ersten Werkzeuges

$$t''_1 \approx \frac{s_{ks}+s_{es}}{u_{ks}}$$

Das zweite Werkzeug arbeitet mit einer Eingriffsgröße e_{ar2}
und muß das restliche zu zerspanende Volumen abarbeiten.
Analog zu (4/13) gilt in diesem Fall für den Verfahrweg

$$s_{ar2} \approx \frac{A_z-s_{ks} \cdot e_{ks}}{e_{ar2}}$$

Da die Verfahrwege sowohl beim MEANDR, als auch beim ZIG-
ZAG-Bahnzerlegungsverfahren einen Schnitt entlang der gesamten Ausgangskontur beinhalten, besteht der Verfahrweg
mindestens aus einem Konturschnitt, dessen Vorausberechnung
aus Gl.(4-5) mit $d_1 = d_2$ hervorgeht.
Die Zeit für das Ausräumen der Tasche mit dem größeren
Werkzeug beträgt:

$$t''_2 \approx \frac{s_{ar2}}{u_{ar2}}$$

wobei u_{ar2} Vorschubgeschwindigkeit beim Ausräumen der
Restpartie mit dem 2.Werkzeug.

Für die Fertigung mit zwei Werkzeugen beträgt die zu be-
rücksichtigende Zeit:

$$t'' \approx \frac{s_{ks}+s_{es}}{u_{ks}} + \frac{s_{ar2}}{u_{ar2}}$$

<u>Werkzeugkosten</u>

Wie im Kapitel 7 gezeigt wird, spielen die Werkzeugkosten
bei einem Kostenvergleich eine beachtliche Rolle. Die gesamten Werkzeugkosten für die Fertigung eines Werkstückes
betragen:

$$K_w = \sum_{i=1}^{n} K_{wi}$$

und $K_{wi} = K_{wsi} \cdot t_i$

Dabei sind K_{wi} die Werkzeugkosten des i-Werkzeuges, das
für die Fertigung eines Werkstückes während einer Zeit t_i
im Eingriff war. Diese Zeiten wurden im vorigen Abschnitt
ermittelt. K_{ws} sind die Werkzeugkosten pro Zeiteinheit
für dieses Werkzeug. Die Bestimmung dieser Kostengröße ist
im Kap.7 erläutert.
Für die Fertigung mit einem Werkzeug ergibt sich für die
Werkzeugkosten:

$$K'_w = K_{ws1} \cdot t'$$

Für die Fertigung mit zwei Werkzeugen

$$K''_w = (K_{ws1} \cdot t''_1 + K_{ws2} \cdot t''_2)$$

Die Bedingung, die zu beurteilen erlaubt, ob ein zweites Werkzeug mit Durchmesser d_2 eingesetzt werden soll, lautet somit

$$K_{wb} + (t'' + t_{ww})K_{Ms} + K''_w < t' \cdot K_{Ms} + K'_w$$

Der Einfluß sämtlicher Faktoren auf diese Bedingung zeigt __Bild 4/20__.

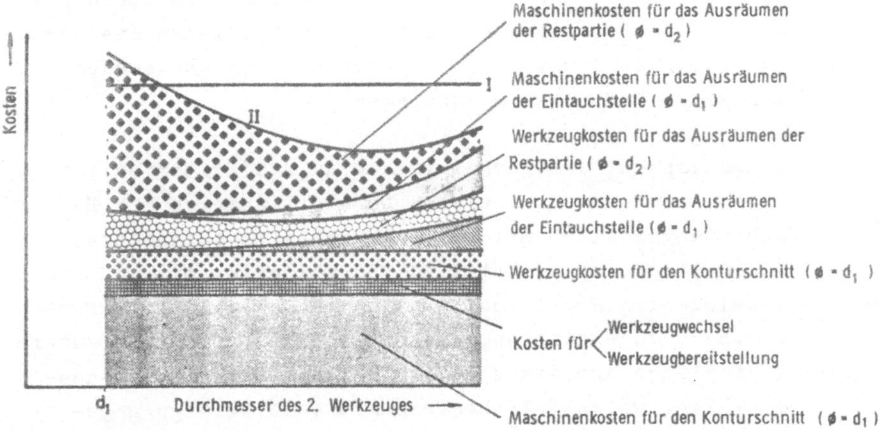

__Bild 4/20__: Kosten für das Ausräumen einer rechteckigen Tasche

Eine weitere Optimierung kann sich hier anschließen, die gemäß einer der vorgeschlagenen Suchstrategien das nächst kleinere Werkzeug ermittelt und die Kostenschätzung für den Einsatz dieses Werkzeugs durchführt. Sind die Kosten kleiner, kommt das neu ermittelte Werkzeug zum Einsatz.

Sind die Kosten dagegen sehr gestiegen, dann liegt der
Durchmesser im abfallenden Kostenbereich. Es wird dann
untersucht, ob nach diesem Werkzeug ein weiteres zum Einsatz kommen soll. Dazu bestimmt die Suchstrategie ein
größeres Werkzeug, und die ganze Untersuchung wird für
dieses Werkzeug neu durchgeführt.

Aufgabe dieses Kapitels war es, aus der nach technolo-
gischen Gesichtspunkten ermittelten Teilmenge die zur
Durchführung der Bearbeitungsaufgabe einzusetzenden
Werkzeuge definitiv festzulegen.

Ausgangspunkt der geometrischen Auswahlkriterien ist
die bekannte rechnerinterne Darstellungsweise der Bearbeitungsstelle. Mit Hilfe der bereits vorhandenen
Äquidistantentransformation und vor allem mit der neu
entwickelten Rücktransformation ist es gelungen, Programme zu erstellen, die es erlauben, für zwei unterschiedliche Arbeitsablaufverfahren die Werkzeuge aus-
zuwählen, welche die kostengünstigste Fertigung gewährleisten. Dazu ist ein Programm zur Konturanalyse
und zur Vorausberechnung der zu erwartenden Kosten erstellt worden.
Die erstellten Programme zeigten die Notwendigkeit der
iterativen Werkzeugsuche. Dabei werden zwei alternative
Werkzeugsuchstrategien angewendet.

Die Bestimmung des jedem Werkzeug zugeordneten zu zerspanenden Volumens in Abhängigkeit von vorgesehenen Arbeitsablaufverfahren folgt im nächsten Kapitel.

5. Aktualisierung.

Bei der Fertigung einer Bearbeitungsaufgabe mit mehreren Werkzeugen muß nach dem Einsatz eines Werkzeuges
der aktuelle Fertigungszustand neu beschrieben werden,
damit für den nachfolgenden Bearbeitungsschritt die Verfahrwege mittels den im Kap.2 erwähnten Bahnzerlegungsprogrammen ermittelt werden können.
Diese Beschreibung heißt Aktualisierung und muß folgende Bedingungen erfüllen:

1. Die Aktualisierung ermittelt das restliche zu zerspanende Rohmaterial.
2. Die Form der Beschreibung soll für die rechnerinterne Weiterverarbeitung geeignet sein.
3. Die Aktualisierung soll das Arbeitsverfahren des
   nächsten Schrittes berücksichtigen.

Im ersten Teil werden zwei für den weiteren Verlauf der
Aktualisierung wichtige Konturverknüpfungen erläutert.
Ausgehend von einer einfachen Bearbeitungsaufgabe wird
anschließend das Prinzip der Aktualisierung für die
beiden vorgeschlagenen Bearbeitungsverfahren dargestellt.
Aus der Analyse folgt, daß beide Verfahren mit einem
einzigen Programm erfaßbar sind.

Der nächste Abschnitt zeigt, daß diese Lösung auch für
komplizierte Bearbeitungsaufgaben Gültigkeit besitzt; dieser Abschnitt geht insbesondere auf den organisatorischen
Aufwand ein.

Zum Abschluß wird die Berücksichtigung der Aufteilung in
Schichten konstanten Querschnitts behandelt.

5.1. Verknüpfung zweier Konturen.

Aus der Literatur [4] sind Verfahren bekannt, die mehrere Bereiche, die durch eine Kontur berandet sind, mit-
einander zu neuen Bereichen verknüpfen (Bild 5/1).

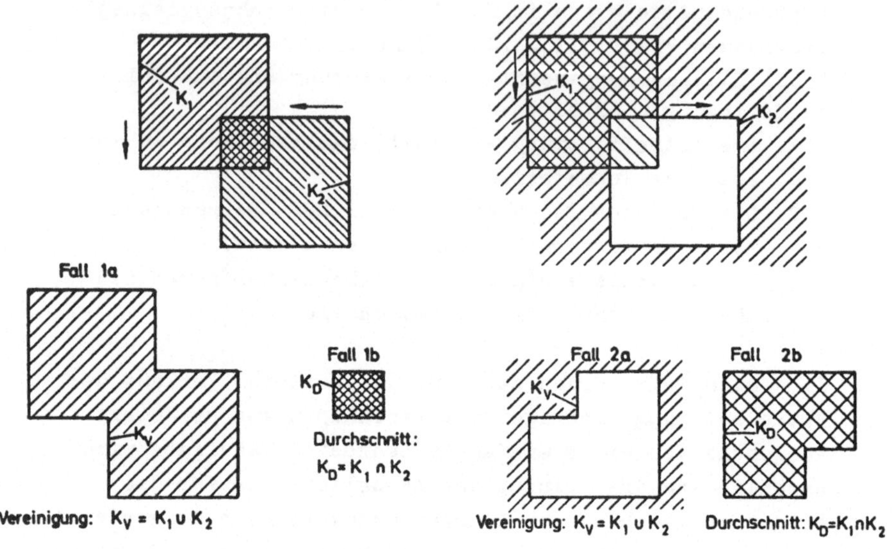

Bild 5/1: Verknüpfung von Bereichen [4].

Bei der Aktualisierung ist der Programmablauf für die
beiden realisierten Arbeitsablaufverfahren weitgehend
identisch. Nur in der letzten Phase der Verarbeitung erfolgt eine Aufteilung nach dem gewünschten Verfahren.
Daher ist es in dieser Arbeit nicht möglich, mit jeder
Kontur und jeder Verknüpfung sofort fertigungstechnisch
eindeutig vorstellbare Bereiche zu verbinden. Die Eingabe der Verknüpfung sind zwei Konturen; das Ergebnis
ist ebenfalls eine Kontur. Zur Durchführung der Ver-

knüpfung wird teilweise auf die programmtechnischen Lösungen aus der oben erwähnten Literaturstelle zurückgegriffen.
Bei der Aktualisierung gelten folgende Definitionen:

<u>Vereinigung zweier Konturen</u>

Die Vereinigung zweier Konturen ist die Umhüllende
beider Konturen. Dieser Definition entspricht Fall 1a
aus Bild 5/1, unter der Voraussetzung, daß die Berandung der Bereiche betrachtet wird und beide Konturen
den gleichen Umlaufsinn haben.

<u>Differenz zweier Konturen</u>

Die Differenz K_{diff} von zwei Konturen K_1 und K_2

$$K_{diff} = \text{Diff} (K_1, K_2)$$

ist die Berandung des Bereiches, der entsteht, wenn
der von K_1 umschlossene Bereich um den von K_2 und
K_1 gemeinsam umschlossenen Bereich verkleinert wird.
<u>Bild 5/2</u> zeigt deutlich, daß bei der Differenzbildung
das Kommutativ-Gesetz nicht gilt. Das Ergebnis kann,
wie das Bild ebenfalls zeigt, aus mehreren geschlossenen Konturen bestehen.

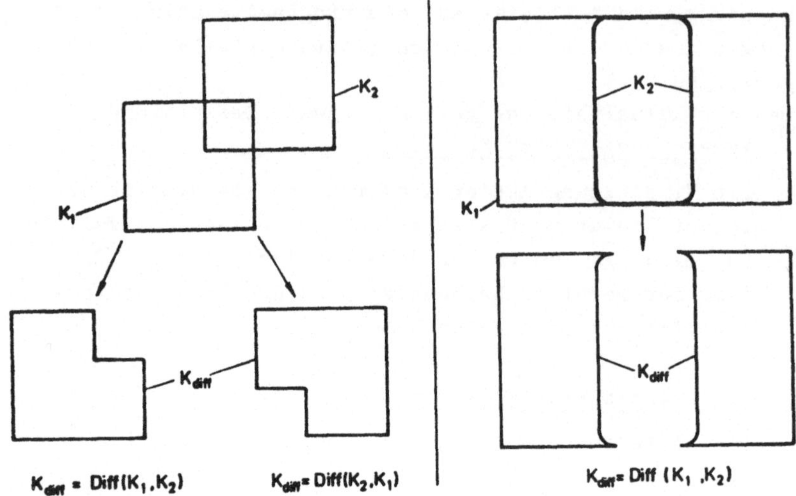

Bild 5/2: Differenz zweier Konturen

5.2. Aktualisierung anhand einer einfachen Bearbeitungsaufgabe ohne Inseln.

5.2.1. Erstes Arbeitsablaufverfahren (SMAFI)

Die reelle Durchmesseräquidistante an der Ausgangskontur
stellt das nach dem Konturschnitt noch zu zerspanende
Volumen dar.
Die Bahnzerlegungsprogramme, die auch für die Abarbeitung
der Restpartie eingesetzt werden, berechnen Fräserbahnen
unter der Bedingung, daß die Eingabekontur nicht verletzt
werden darf; d.h. alle Elemente, die zusammen die Kontur
bilden, dürfen nicht überfahren werden (nicht-überfahrbare
Elemente).

In diesem Sinne beinhaltet die Durchmesseräquidistante
als Berandung der Restpartie Übergänge, die mit dem
Bahnzerlegungsprogrammen nicht fertigbar sind (Bild 5/3).

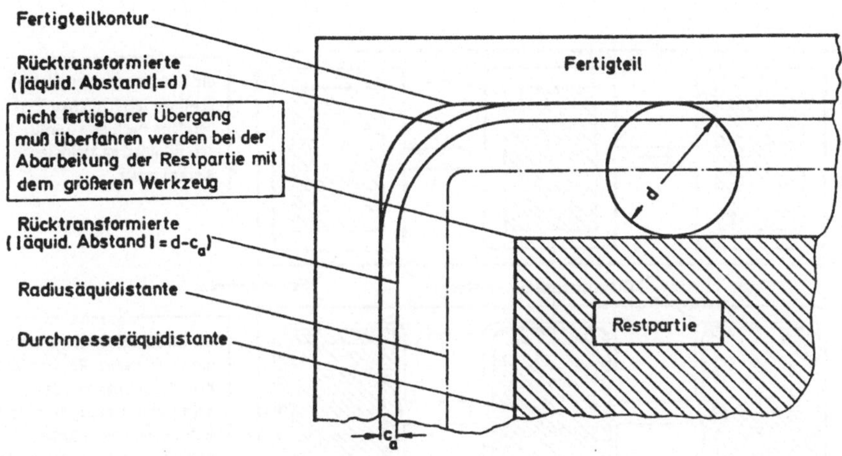

Bild 5/3: Äquidistantenanalyse

Aus diesem Grund hat es sich beim ersten Arbeitsablaufverfahren zur Abarbeitung der Restpartie mit dem größeren
Werkzeug als zweckmäßig erwiesen, eine modifizierte Fertigteilkontur als Eingabe für die nachfolgenden Bahnzerlegungsprogramme zu erzeugen. Diese ergibt sich aus der
Rücktransformation der reellen Durchmesseräquidistanten.
Dadurch werden die beim Konturschnitt eventuell bereits
gefertigten Einschnürungen für die Weiterbearbeitung aus-
geklammert (Bild 5/4).
Ist bei der Rücktransformation der äquidistante Abstand
um einen Sicherheitsabstand c kleiner als der äquidistante Abstand bei der Durchmesseräquidistantenbildung, dann

wird beim Abarbeiten der Restpartie eine Beschädigung
der bereits gefertigten Mantelfläche durch Freischneiden
oder Zerquetschen von Spänen zwischen Mantelfläche und
Werkzeug vermieden.

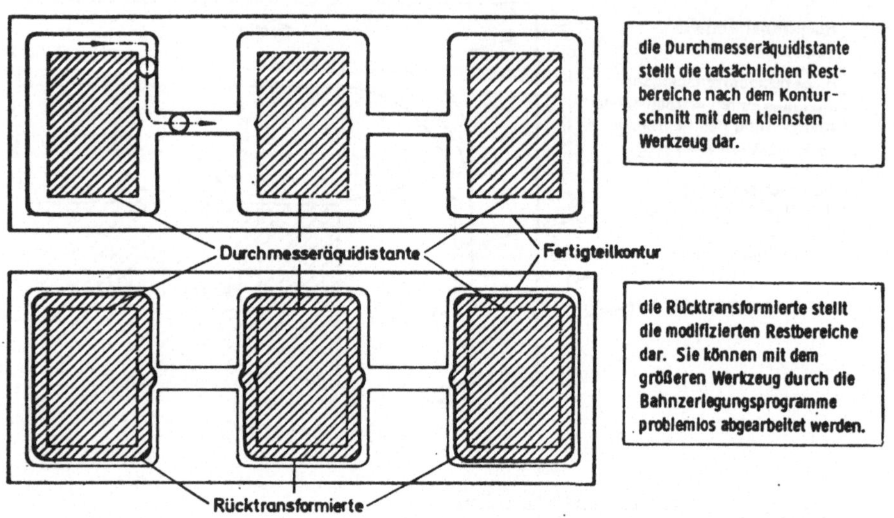

Bild 5/4: Aktualisierung gemäß dem 1.Arbeitsablaufverfahren
(SMAPI)

5.2.2. Zweites Arbeitsablaufverfahren (LAPI)

Beim Ausräumen einer Tasche ohne Insel gemäß dem zweiten
Arbeitsablaufverfahren beschreibt die Rücktransformierte
der reellen Radiusäquidistante die Berandung des tatsäch-
lich zerspanten Volumens. Die Differenz der Ausgangskontur
und der Rücktransformierten ist die Beschreibung für das
restliche zu zerspanende Material.
Ist diese Differenz gleich Null, ist die Aufgabe erledigt.

Weist die Radiusäquidistante Doppelpunkte mit sich selber
auf, so setzt sich die Rücktransformierte, die das zerspan-
bare Volumen begrenzt, aus mehreren Teilen zusammen.
Die Differenz von Ausgangskontur und allen Teilen der Rücktransformierten kann ebenfalls aus mehreren Teilen bestehen
und ergibt die Berandung des noch nicht zerspanten Volumens
(Bild 5/5).

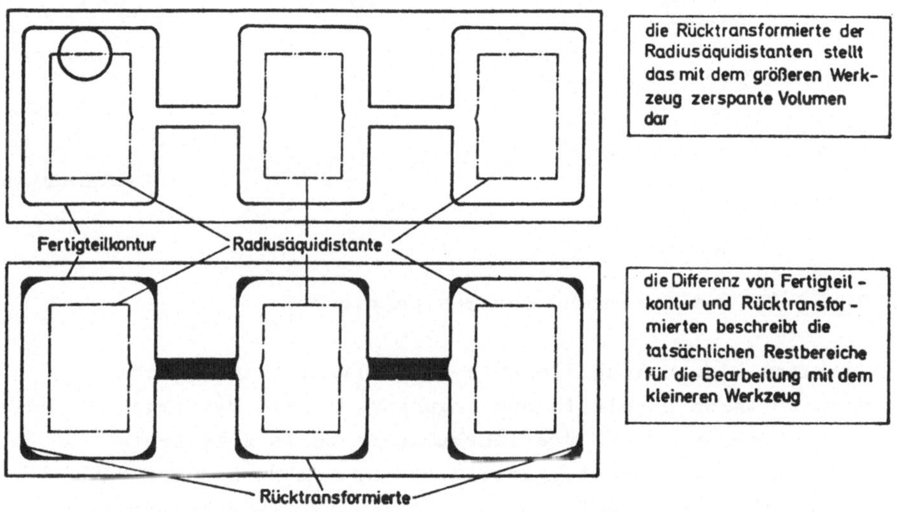

Bild 5/5: Aktualisierung gemäß dem 2.Arbeitsablaufverfahren
(LAFI)

Die so ermittelten Konturen eignen sich jedoch nicht für
eine direkte Weiterverarbeitung im Rechner, weil die Begrenzung zwischen der Restpartie und dem bereits zerspanten Material ein überfahrbares Element ist; d.h. dieses
Element ist kein Bestandteil der Fertigteilkontur, und das

Werkzeug kann über dieses Element fahren (**Bild 5/6**).

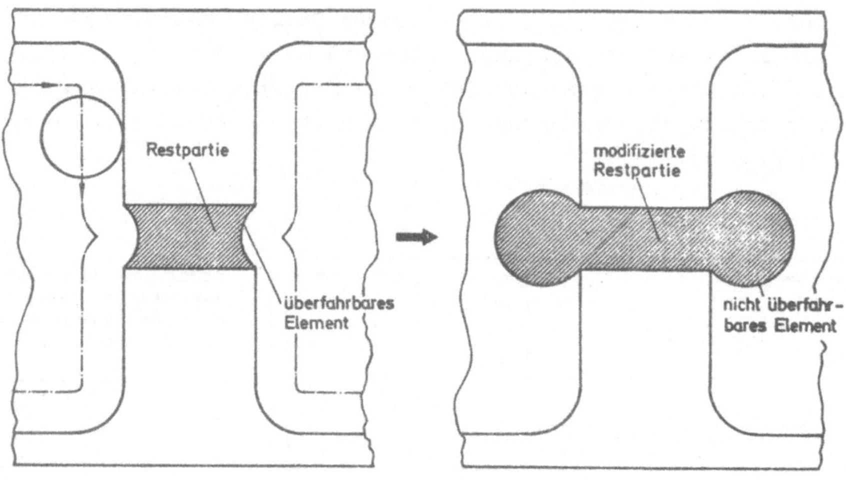

Bild 5/6: Modifizierung der Restpartie

Konturen, die solche Elemente beinhalten, können nicht
ohne weiteres an die Bahnzerlegungsprogramme weiterge-
reicht werden. Diese überfahrbaren Elemente sind Kreisbögen mit einem Radius, dessen Betrag dem Werkzeugradius
entspricht. Zur Modifizierung der Restpartie erhalten sie
ein anderes Vorzeichen, wodurch die Restpartie vergrößert
wird, ohne jedoch die Fertigteilkontur zu verletzen.
Das MEANDR-Bahnzerlegungsverfahren berechnet die zur Abarbeitung der modifizierten Restpartie erforderlichen
Verfahrwege. In den meisten Fällen reicht die erste Bahn,
der Konturschnitt,aus, weil damit bereits die ganze Restpartie abgearbeitet ist.

Die Problematik der Aktualisierung hat gezeigt, daß die
Lösung 2 Teile beinhaltet.

Im ersten Teil, der bestimmenden Phase, wird eine Äquidistante und die dazugehörende Rücktransformierte berechnet. Lediglich der äquidistante Abstand muß als veränderlicher Parameter eingegeben werden. Dieser Teil ist, von diesem Parameter abgesehen, verfahrensunabhängig.
Im zweiten Teil, der interpretativen Phase, werden die Ergebnisse für die Weiterverarbeitung aufbereitet. Dazu gehört sowohl die Modifizierung einzelner Konturen als auch ihre Abspeicherung. Dieser Teil ist vom Arbeitsablaufverfahren abhängig. Diese Aufteilung bietet neben der Übersichtlichkeit den großen Vorteil, daß bei der Implementierung anderer Verfahren der erste Teil nicht zu ändern ist. In diesem Abschnitt wurde auf verhältnismäßig einfache Aufgaben zurückgegriffen, um den Kern des Problems hervorzuheben. Im nächsten Kapitel wird auf die organisatorischen Schwierigkeiten bei der Behandlung von komplexen Aufgaben eingegangen. Dabei wird zuerst das Problem der Inseln behandelt, bevor anschließend die Kombination von Inseln und Engpässen betrachtet wird.

5.3. Berücksichtigung von Inseln bei der Aktualisierung.

Treten in einer Tasche mehrere Inseln auf, können diese Inseln zu Engpässen führen.
Zuerst wird der Fall der Engpaßbildung zwischen Inseln untersucht, bevor anschließend die Behandlung von Engpässen zwischen Inseln und Umfassenden beschrieben wird.

5.3.1. Berücksichtigung von Engpässen zwischen Inseln.

Wie bei der Behandlung einer einfachen Bearbeitungsstelle besteht auch hier die Lösung aus einem bestimmenden Teil und einem interpretativen Teil:

Der_bestimmende_Teil

Bei der Behandlung der Aktualisierung anhand einer einfachen Bearbeitungsaufgabe ergab sich, daß bei nicht doppelpunktfreien Äquidistanten die Rücktransformierte von jedem doppelpunktfreien Teil zu bilden war.
Ähnliches gilt bei der Behandlung von mehreren Inselkonturen, die alle zu einer Bearbeitungsstelle gehören und unter sich Doppelpunkte aufweisen. Schneiden sich zwei Inseläquidistanten, werden diese zuerst vereinigt. Anschließend wird von der Vereinigung die Rücktransformierte gebildet. Die fertigungstechnische Begründung dieser Vorgehensweise geht aus dem interpretativen Teil hervor.
Zur Ermittlung der Vereinigung werden, nach der Bestimmung der Äquidistanten für alle Inseln und für die Umfassende sowie nach deren Abspeicherung im Konturfeld, die verschiedenen Inseläquidistanten gegenseitig auf Doppelpunkt geprüft. Ist ein Doppelpunkt vorhanden, werden die beiden Äquidistanten in die Doppelpunktliste eingetragen (Bild 5/7). Da nach der Vereinigung von zwei Äquidistanten nicht mehr die einzelnen Komponenten, sondern nur noch das Ergebnis dieser Vereinigung existent ist., sind diese beiden Komponenten für alle eventuell noch nachfolgenden Vereinigungen durch dieses Ergebnis zu ersetzen. Diese Organisation erfolgt mittels einer aktualisierten Doppelpunktliste.
Nach z.B. der Vereinigung der Äquidistanten mit Kennzahl 37 und 33 erhält das Ergebnis die nächste freie Kennzahl, d.h. im vorliegenden Fall 28. Alle Äquidistanten aus der aktualisierten Doppelpunktliste mit Kennzahl 37 oder 33 werden durch die Vereinigung mit Kennzahl 28 ersetzt.
Ein Ersetzen bedeutet, daß das aktuelle Ergebnis später noch einmal mit einer Äquidistanten zu verknüpfen ist und demzufolge noch nicht als Endergebnis in Frage kommt.
Bei der zweiten Verknüpfung aus dem Beispiel in Bild 5/7

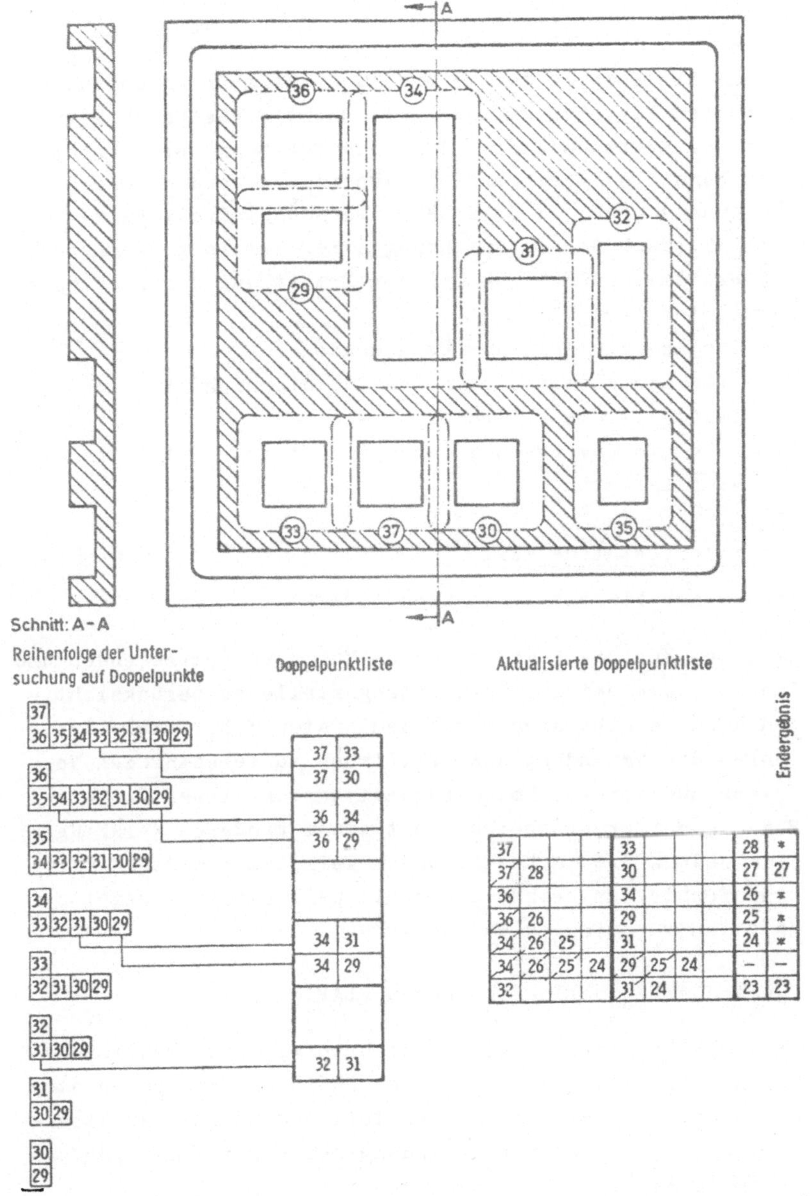

Bild 5/7: Berücksichtigung von Inseln bei der Aktualisierung

treten die Komponenten 28 und 30 nicht mehr in der aktualisierten Doppelpunktliste auf. Damit findet auch kein
weiteres Ersetzen statt, d.h. das Ergebnis der Vereinigung kann als Endergebnis abgespeichert werden. Die Vereinigung von 28 und 30 erhält die nächst freie Kennzahl 27. Nach der Durchführung aller Vereinigungen schließt
der bestimmende Teil ab mit der Ermittlung der Rücktransformierten für:
- die Äquidistante der Umfassenden
- alle Äquidistanten der Inseln, die nicht in der Doppelpunktliste auftreten.
- alle als Endergebnis abgespeicherten vereinigten
  Äquidistanten.

Der interpretative Teil

o **Erstes Arbeitsablaufverfahren (SMAFI)**

Nach dem Konturschnitt an allen Konturen (Umfassenden und
Inseln), die bei der Bearbeitungsstelle zu berücksichtigen sind, ergibt sich gemäß dem ersten Arbeitsablaufverfahren die Umrandung des restlichen zu zerspanenden Volumens aus den Durchmesseräquidistanten dieser Konturen.
Für die Weiterverarbeitung mit einem größeren Werkzeug
sind jedoch die im bestimmenden Teil ermittelten Rücktransformierten besser geeignet, weil sie alle bereits
gefertigten Engpässe ausklammern.

o **Zweites Arbeitsablaufverfahren (LAFI)**

Beim zweiten Arbeitsablaufverfahren wird zur Bestimmung
der Rücktransformierten von den Radiusäquidistanten aus-
gegangen. Die im bestimmenden Teil ermittelten Rücktransformierten stellen die Berandung des bereits zerspanten
Volumens da.
Aus der Differenz von Umfassenden und allen Teilen der

Rücktransformierten der Radiusäquidistanten zu dieser Umfassenden folgt die Berandung der mit dem größeren Werkzeug nicht zerspanbaren Engpässe in der Umfassenden und der nicht fertigbaren Eckenradien.
Die Beschreibung der nicht fertigbaren Eckenradien in den einzelnen Inseln sowie der Engpässe zwischen den Inseln untereinander folgt aus der Differenz der Rücktransformationen der Inseln oder deren Vereinigungen und den Inselkonturen. Die Modifizierung der nach diesem Schema ermittelten Restpartien berechnet das im Kap. 5.1.2 geschilderte Verfahren.

5.3.2. Berücksichtigung von Engstellen zwischen Inseln und Umfassender.

An die Untersuchung der Engpässe zwischen den Inseln schließt sich bei der Aktualisierung die Berücksichtigung eventueller Engpässe zwischen Inseln und Umfassender an. Zuerst erfolgt, wie im vorigen Abschnitt, die Bildung der Äquidistanten zur Umfassenden und zu den Inseln sowie der Vereinigungen der Inseläquisistanten, die gegenseitig Doppelpunkte aufweisen. Hat eine Inseläquidistante oder eine Vereinigung mit der Umfassenden einen Doppelpunkt, so liegt ein Engpass vor. Geht man davon aus, daß die Äquidistante zur Umfassenden in Teile zerfällt, wird jeder Teil sequentiell mit allen zu berücksichtigenden Inseläquidistanten auf Engpässe geprüft. Diese sequentielle Prüfungsreihenfolge wird unterbrochen, sobald zwischen einer Inseläquidistanten und einem Teil der Äquidistanten an der Umfassenden ein Doppelpunkt auftritt. In diesem Fall sind die Inseläquidistanten und dieser Teil nicht mehr zu betrachten. Die Differenz von beiden wird am Schluß der Liste der zu untersuchenden Teile der

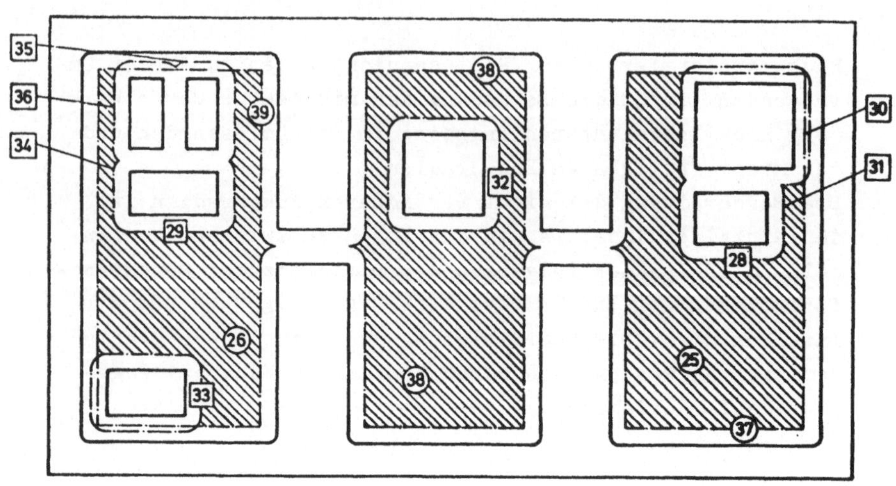

AUSGANGSDATEN:

Teile der Äquidistante zur Umfassenden

Inseläquidistanten

zu untersuchende Inseläquidistanten (Ergebnis der Vereinigung)

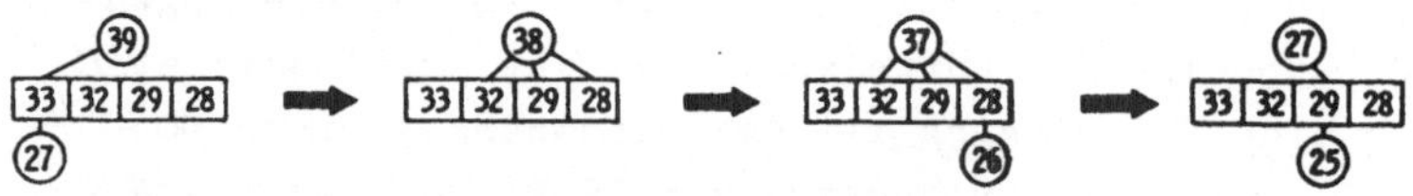

UNTERSUCHUNGSREIHENFOLGE:

ERGEBNIS: (von diesen Konturen ist die Rücktransformierte zu bilden)

Umfassende

Insel

Bild 5/8: Berücksichtigung von Engpässen zwischen Inseln
          und Umfassender (ohne zusätzlichen Zerfall).

Äquidistanten eingetragen. Die Untersuchung geht weiter
mit dem nächsten Teil. **Bild 5/8** zeigt diesen Ablauf.
Er wiederholt sich mit ständig wechselnden Daten bis zur
Untersuchung des letzten Bereiches mit der letzten Insel.
Aus dem Beispiel geht der Prüfungsablauf und das Ergebnis
deutlich hervor. Zudem ist ersichtlich, daß eine sorg-
fältige Organisation die Anzahl der Prüfungen und demzufolge auch die Rechenzeit gering hält.
Als erster Teil der Äquidistante an der Umfassenden wird
 39 mit der ersten Inseläquidistanten 33 geprüft. Da
beide Doppelpunkte aufweisen, wird die Inseläquidistante
 33 für alle weiteren Prüfungen gestrichen und die Differenz 27 für weitere Untersuchungen zurückgestellt. Da
sich aus der anschließenden Untersuchung von 38 mit
allen restlichen Inseläquidistanten kein Doppelpunkt ergibt, wird 38 als Endergebnis abgespeichert.
Bei der Prüfung von 37 stellt sich ein Doppelpunkt
mit der Inseläquidistante 28 heraus. Da diese Inseläquidistante die letzte aus der Liste ist, gibt es keine
Inseläquidistante mehr, die mit der Differenz von 37 und
 26 noch zu einem Doppelpunkt führen kann. Somit gehört
die Differenz 26 zum Endergebnis.
Nach der letzten Prüfung von 27 mit den übrigen Inseläquidistanten folgt die Eintragung der Differenz 25 in
die Ergebnisliste. Diese Liste ist gleichzeitig Ausgangsbasis für die Bildung der Rücktransformierten, die dann
den bestimmenden Teil der Aktualisierung abschließt.
Bild 5/9 zeigt die Problemlösung für den Fall, daß durch
die Differenz ein zusätzlicher Zerfall eines Teiles der
Äquidistanten zur Umfassenden auftritt. Die Problemlösung
ist ganz analóg.
Der interpretative Teil der Ergebnisse zur Beschreibung
des restlichen zu zerspanenden Materials entspricht dem
im Kap.5.2.1 geschilderten Verfahren.

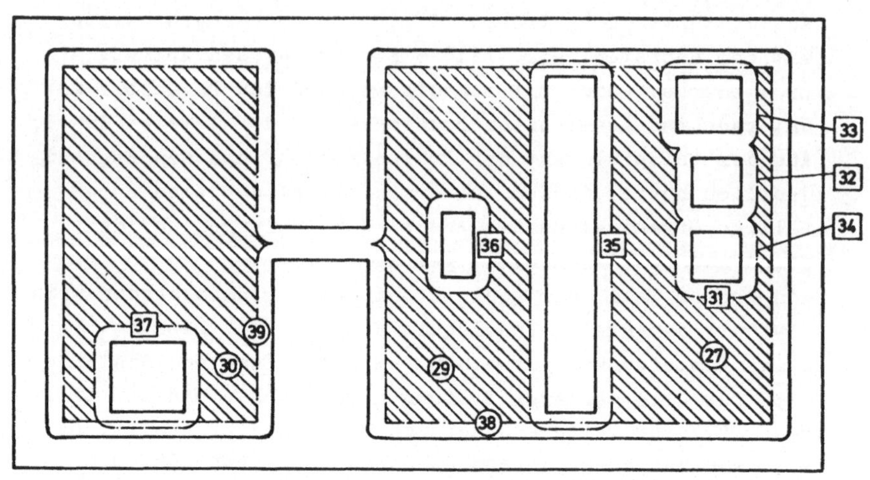

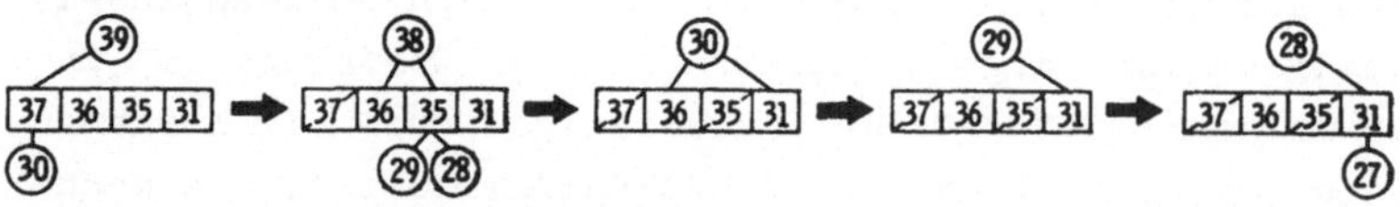

AUSGANGSDATEN:

Teile der Äquidistante zur Umfassenden	③⑨ ③⑧
Inseläquidistanten	37 36 35 34 33 32
zu untersuchende Inseläquidistanten (Ergebnis der Vereinigung)	37 36 35 31

UNTERSUCHUNGSREIHENFOLGE:

ERGEBNIS: (von diesen Konturen ist die Rücktransformierte zu bilden)

Umfassende	③⓪ ②⑨ ②⑦
Insel	36

Bild 5/9: Berücksichtigung von Engpässen zwischen Inseln
und Umfassender (mit zusätzlichem Zerfall)

5.4. Berücksichtigung der Schichten.

5.4.1. Problemstellung und Lösungsweg.

Die Literatur [22] beschreibt ein Verfahren, das aus
einer vorgegebenen Konfiguration von Konturen mit unterschiedlicher Z-Höhe solche Zerspanbereiche ermittelt,
die bezüglich ihrer Z-Ausdehnung einen konstanten Querschnitt aufweisen. Diese Zerspanbereiche werden Schichten
genannt, im Gegensatz zu den Teilbereichen, die bei der
Aktualisierung durch die Verarbeitung von Engstellen entstehen können. Tritt nun in einer Schicht ein Zerfall in
Teilbereichen auf, kann jede Insel nur in einem dieser
Teilbereiche liegen und die Aufteilung in Zerspanbereiche
konstanten Querschnittes muß für jeden Teilbereich neu
erfolgen. Dadurch ergeben sich unter Umständen in einzelnen Teilbereichen zerspanungsgünstigere Schnittiefen
(Bild 5/10).

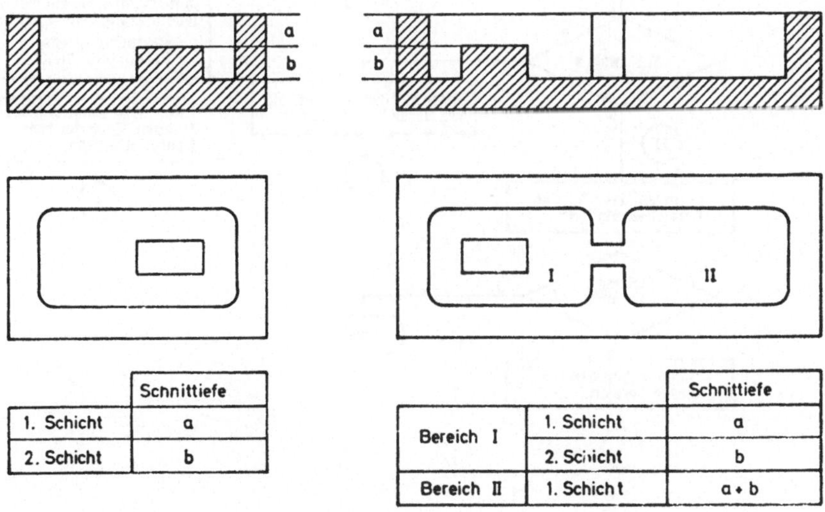

	Schnittiefe
1. Schicht	a
2. Schicht	b

		Schnittiefe
Bereich I	1. Schicht	a
	2. Schicht	b
Bereich II	1. Schicht	a + b

Bild 5/10: Wechselwirkung: Engstelle-Schnittaufteilung

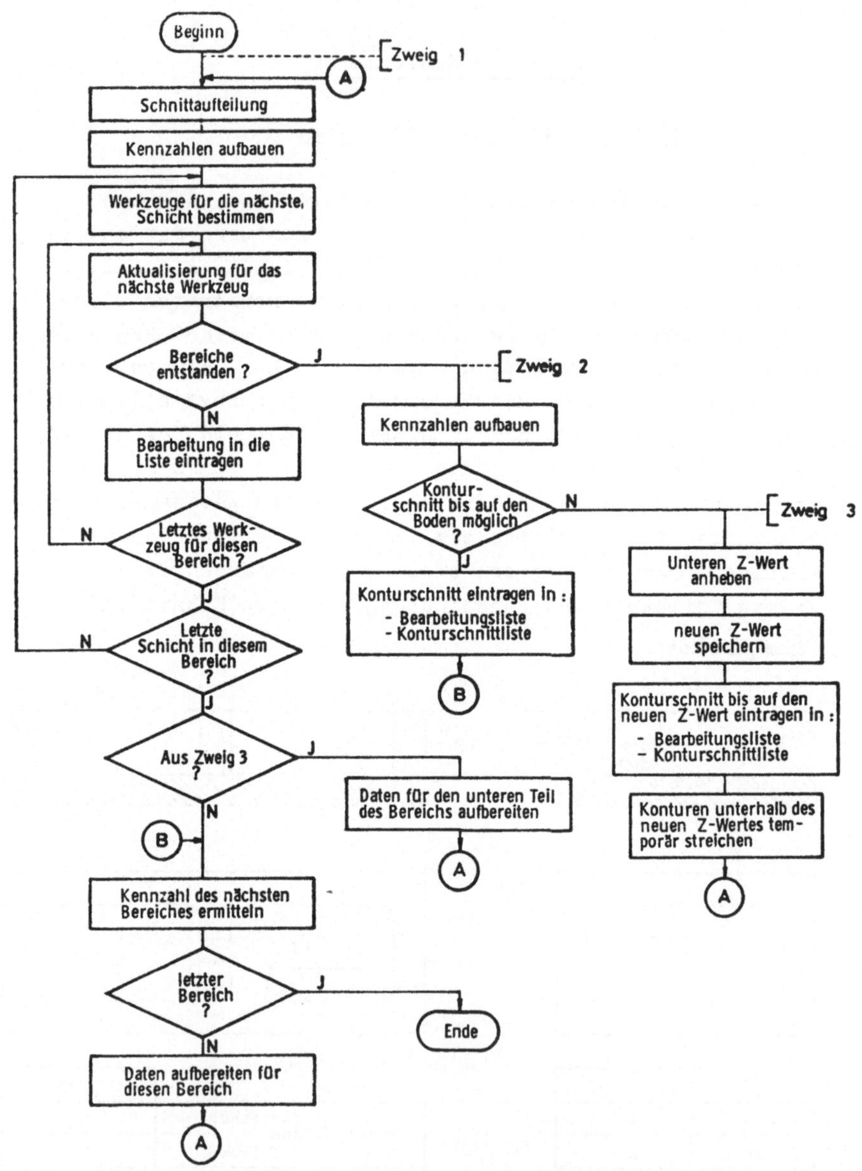

Bild 5/11: Ablaufdiagramm des Programmes zur Berücksichtigung der Schnittaufteilung

Diese Zusammenhänge gelten für beide Arbeitsablaufverfahren. Die Ausführungen im weiteren Verlauf dieses Abschnittes orientieren sich vorwiegend am ersten Arbeitsablaufverfahren. Für das zweite Arbeitsablaufverfahren
lassen sich analoge Überlegungen durchführen.
Bild 5/11 zeigt das sehr allgemein gefaßte Flußdiagramm
zur Berücksichtigung der Schnittaufteilung bei der Zerlegung in einzelne Bearbeitungsschritte.
Es umfaßt drei wichtige Zweige:
Der erste Zweig behandelt die sequentielle und zerfallose
Abarbeitung der im Teileprogramm formulierten Bearbeitungsaufgabe gemäß den im Schnittaufteilungsprogramm ermittelten Schichten. In diesem Zweig findet unmittelbar
nach jeder Aktualisierung die Eintragung des ermittelten
Bearbeitungsschrittes und des zugeordneten Werkzeuges
in die Bearbeitungsliste statt. Diese Liste ist auf
einem peripheren Speicher abgelegt.

Der zweite Zweig wird angesprochen, nachdem bei der Aktualisierung für eine bestimmte Schicht und ein bestimmtes Werkzeug ein Zerfall in mehrere Bereiche auftritt.
Ist der untere Z-Wert dieser Schicht ungleich dem unteren Z-Wert der Umfassenden, dann besteht dieser Engpass
für dieses Werkzeug nicht nur in der aktuell behandelten
Schicht, sondern für alle noch darunter liegenden Schichten. Das heißt, daß im Falle des ersten Arbeitsablauf-
verfahrens der Konturschnitt bis auf den unteren Z-Wert
der umfassenden Kontur durchzuführen ist. Ist dieser
Konturschnitt möglich, erfolgt an dieser Stelle die Eintragung in die Bearbeitungsliste sowie die Eintragung
in eine gesonderte Konturschnittliste. Sie erlaubt für
alle nachfolgenden Werkzeugermittlungen und alle nachfolgenden Schichten die Berücksichtigung dieses Konturschnitts. Um eine fehlerfreie Aufteilung der gesamten

Bearbeitungsstelle zu gewährleisten, erhält jeder Bereich
eine Kennzahl. Ihr Aufbau und ihre Handhabung wird später behandelt. Anhand dieser Kennzahlen erfolgt die Festlegung des Bereiches, der als nächster zu untersuchen
ist und für den wieder das Schnittaufteilungsprogramm
durchgeführt wird. Es ist in der Lage, die Inseln, die
außerhalb dieses Bereichs liegen, zu erkennen und für
diesen Durchlauf zu eliminieren. Für diesen Zweig ist
besonders die ständige Wechselwirkung zwischen Schnittaufteilungsprogramm, Werkzeugermittlung und Aktualisierung zu erwähnen.

Der dritte Zweig behandelt den Fall, daß der Konturschnitt
bis auf den Boden der Umfassenden nicht möglich ist, weil
Inseln in tiefer liegenden Schichten so nah an der Umfassenden liegen, daß diese für das vorgesehene Werkzeug
einen Engpaß bilden. Eine Anhebung des unteren Z-Wertes.
bis auf die Höhe der engpaß-verursachenden Insel erlaubt
eine planmäßige Abarbeitung des oberen Teiles dieser
Schicht. Ihr unterer Teil wird nach Beendigung der Abarbeitung des oberen Teiles als neue Bearbeitungsstelle
in Angriff genommen.

5.4.2. Bereichskennzahlen

Da die Kennzahlen ständig über den Stand der Aufteilung
informieren, sei kurz auf deren Aufbau und Handhabung eingegangen, obwohl sie, was den Programmumfang betrifft,
nur einen kleinen Bruchteil ausmachen.
Am Anfang besteht die Eingabe der Schnittaufteilung aus
der im Teileprogramm definierten Bearbeitungsaufgabe,
Mit jedem Durchlauf erhält jede vom Schnittaufteilungs-

programm ermittelte Schicht eine neue Kennzahl:

$$Ks_i = B + i$$

wobei Ks_i die Kennzahl der i. Schicht ist und B die Basis.
Die Basis ist die Kennzahl des zu untersuchenden Bereiches. Für den ersten Untersuchungsschnitt erhält die Basis den Wert Null.
Zerfällt bei einer Aktualisierung eine Schicht mit Kennzahl Ks_i, dann bekommt der j. Teilbereich die neue Kennzahl:

$$Ks_j = (Ks_i \cdot 10 + j) \cdot 10$$

Anschließend an den Aufbau der Kennzahlen für die bei
diesem Zerfall entstandenen Bereiche, erfolgt eine neue
Schnittaufteilung. Die neue Basis ist die Kennzahl des
zu untersuchenden Bereiches.
Aus dem Aufbau der Kennzahlen geht hervor, daß die Kennzahlen, deren Endziffer Null ist, Teilbereiche identifizieren, die durch Engpässe entstanden sind und für die
eine neue Schnittaufteilung erforderlich ist.
<u>Bild 5/12</u> zeigt den Aufbau dieser Kennzahlen anhand
einiger Beispiele:
Beispiel I. Die Fertigungsaufgabe besteht aus zwei eng-
          passfreien Schichten. Sie werden entsprechend
          mit den Kennzahlen der zu fertigenden Be-
          reiche 1 und 2 deklariert.
Beispiel II.Im ersten Durchgang ermittelt das Schnitt-
          aufteilungsprogramm zwei Schichten. Die erste
          1 zerfällt in drei Teilbereiche 11o, 120 und
          130. Für den ersten Teilbereich ermittelt
          das Schnittaufteilungsprogramm die Schichten
          111 und 112. Bei den beiden anderen Teilbe-
          reichen tritt keine weitere Aufteilung auf.
Beispiel III. Ähnlich Beispiel II, jedoch erst Zerfall
          in der Schicht 2.

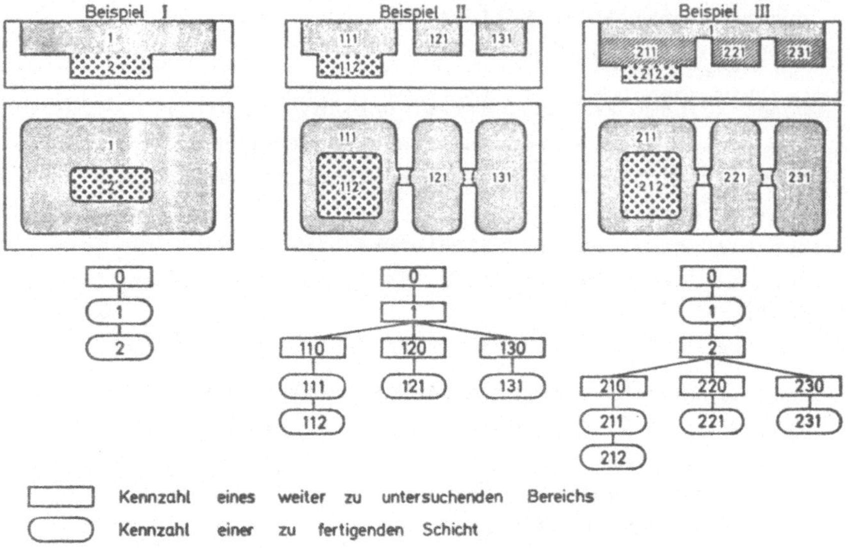

Bild 5/12: Aufbau der Kennzahlen

Erreicht man bei der Aufteilung den unteren Z-Wert der Bearbeitungsstelle, ist der zuletzt untersuchte Bereich fertig; es können jedoch noch andere Bereiche, die früher entstanden sind, vorhanden sein, die noch weiter zu untersuchen sind.
Die Bestimmung des nächsten Bereiches sei anhand eines Beispieles erläutert (**Bild 5/13**).
Nach der Prüfung der Schicht mit Kennzahl 2111212 stellt man fest, daß der untere Z-Wert erreicht ist, d.h. es gibt keine weitere Schlichten in dem zuletzt untersuchten Bereich (2111210).
Es wird geprüft, ob noch weitere Bereiche von dieser

Ordnung zu untersuchen sind. Diese sind zuerst zu behandeln. Im vorliegenden Fall wären das zuerst der Bereich 2111220 und dann der Bereich 2111230. Gibt es keine Bereiche dieser Ordnung mehr, wird geprüft, ob es noch nicht untersuchte Bereiche einer höheren Ordnung gibt. Im Beispiel ist dieses zuerst der Bereich 21120 und anschließend der Bereich 220.
Dieses Verfahren wiederholt sich, bis alle Bereiche der Ordnung i untersucht wurden. Ein verhältnismäßig einfacher Algorithmus und geringer Speicherplatzbedarf ermöglichten diese Lösung.

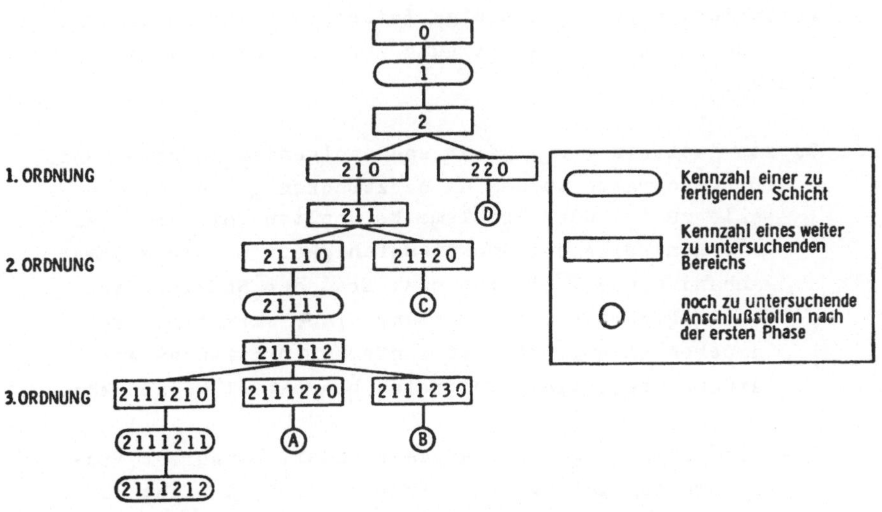

Bild 5/13: Aufbau und Abbau des Entscheidungsbaumes

5.5. <u>Bedeutung der Aktualisierung.</u>

<u>Bild 5/14</u> zeigt das Ergebnis der Aktualisierung für ein
theoretisches Werkstück. Die Lösung aller dabei anfallenden
Probleme sowie die Auswahl wirtschaftlicher Werkzeuge ist
zentrales Thema der vorliegenden Arbeit.
Die Anwendung bekannter Verknüpfungen auf Konturen und auf
ihre Transformationen gestattet die programmtechnische Ermittlung aller Restpartien, die nach der Bearbeitung mit
dem ersten Werkzeug übrigbleiben. Die Restpartien werden
anschließend an die Eingabebedingungen der Bahnzerlegungsprogramme angepaßt.
Die Verbindung von Schnittaufteilung und Aktualisierung
garantiert eine vollständige Bearbeitung der Fertigungsaufgabe unter Berücksichtigung zerspanungsgünstiger Schnitt-
tiefen.

Zu den Kapiteln 4 und 5 ist noch folgendes zu bemerken:
  - Die Programme wurden an Werkstücken getestet, die
    alle zu lösenden Probleme beinhalten. Sie erlauben
    die Kontrolle der Funktionsfähigkeit der Programme
    anhand eines Testbeispiels. Erst der Nachweis der
    ordnungsgemäßen Verarbeitung eines derartigen Werk-
    stückes garantiert, daß einfache, praxisnahe Werk-
    stücke ebenfalls erfolgreich bearbeitet werden können.

  - Die Verwendung bereits bestehender, bewährter Pro-
    gramme zur Lösung neuer Probleme erspart nicht nur
    Zeit und Kosten für die Programmerstellung, sondern auch
    für das Testen und Dokumentieren. Dieser Vorteil er-
    scheint auf den ersten Blick sehr augenfällig. Das
    Einarbeiten in bestehende Programme, das Anpassen der
    Eingabedaten an spezifische Anforderungen des beste-
    henden Lösungswegs und das Aufbereiten der Ausgabe-

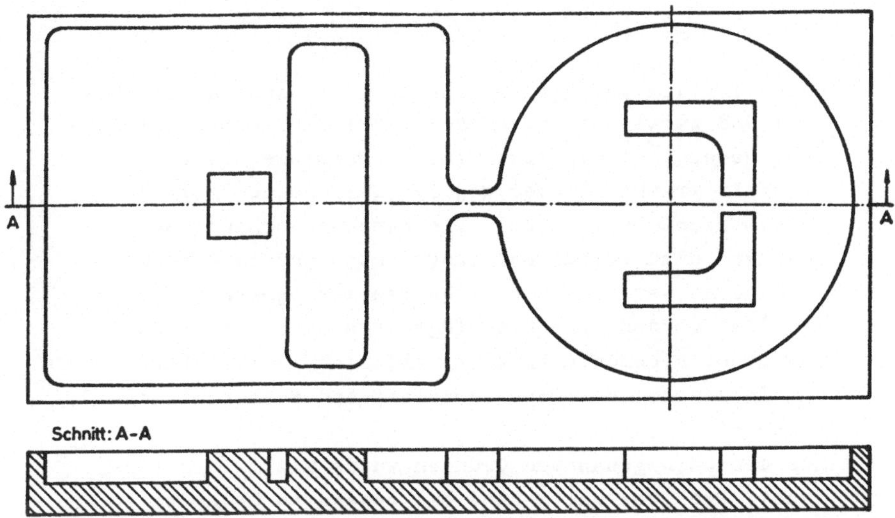

Ergebnis der Aktualisierung

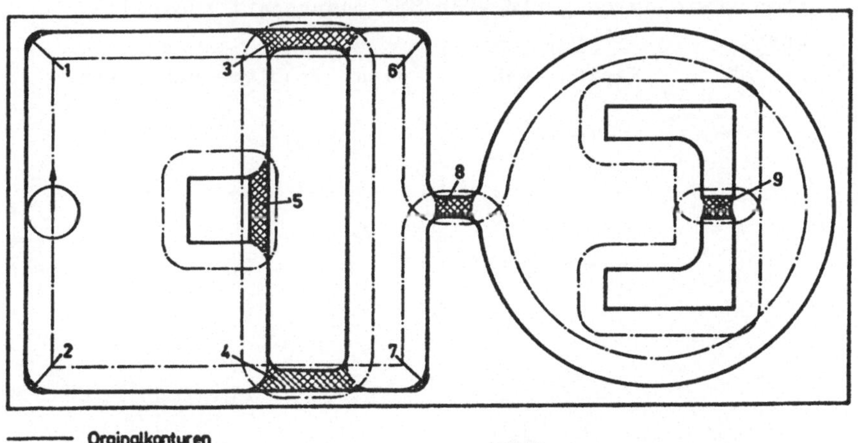

Bild 5/14: Ergebnis der Aktualisierung nach dem 2. Arbeitsablaufverfahren (LAFI).

daten für die weitere Verarbeitung ist sehr anspruchs-
voll und zeitintensiv. Dieses führt häufig zur Entwicklung neuer, auf die spezifischen Probleme zugeschnit-
tener Programme. Dieser Weg ist für die vorliegende
Arbeit nicht praktikabel. Die bereits vorhandenen
Lösungen sind weitgehend ausgetestet und im System
vorhanden, weil sie von allen Bahnzerlegungsverfahren
benötigt werden. Das Hinzufügen von neuen Lösungen
für bereits gelöste Probleme ist nicht vertretbar,
da sie unnötig viel Speicherplatz und Rechenzeit erfordern.
Aus den oben genannten Gründen wurde mit Erfolg versucht, Probleme weitgehend mit bekannten Methoden zu
lösen. Der dabei entstandene Aufwand für die Daten-
organisation wird durch eine schnellere Fertigstel-
lung, einfachere Handhabung, Wartung und Dokumentation sowie durch geringeren Speicherbedarf ausgegli-
chen.
Das nächste Kapitel geht auf diese Probleme näher ein.

6. <u>Implementierung</u>.

Das in dieser Arbeit entwickelte Verfahren zur automatischen Werkzeugauswahl kann erst dann zum sinnvollen
Einsatz in der Praxis gelangen, wenn es mit den im Kap.2
skizzierten Teillösungen zu einem Komplex zusammengebaut und auf einer DVA lauffähig gemacht wird (imple-
mentieren). Darüber hinaus muß der Anwender diesen Komplex mit einer einfachen Eingabesprache ansprechen können, und die Ergebnisse der Verarbeitung müssen direkt
als Eingabe für die NC-Steuerung brauchbar sein.
Bezüglich der vorhandenen Rechner, des Fertigungsspek-
trums, der Fertigungsmethoden und des Personals liegen beim
potentiellen Anwender unterschiedliche Voraussetzungen
vor. Diese Feststellung sowie die Erfahrung, daß nach
der Einführung solcher Systeme die Anwender ständig den
Wunsch nach neuen Verfahren, Ergänzungen und Verbesserun-
gen vortragen, stellt sowohl an den Zusammenbau als auch
an jeden einzelnen Baustein zwingend folgende Forderungen:
- <u>Flexibilität</u> bezüglich der Austauschbarkeit von einzelnen
  Bausteinen und Erweiterungen.
- <u>Universalität</u> bezüglich der Rechenanlage im Hinblick
  auf Größe und Arbeitsweise.
- <u>Wirtschaftlichkeit</u>: die Laufzeit der Programme soll
  kurz sein in Bezug auf die Größe der Anlage.
- <u>Einfache Handhabung</u>.

Auf der Ebene der einzelnen Bausteine führen diese Forderungen zu einer Reihe von Einschränkungen bezüglich
der Auswahl der Programmiersprache sowie der Erstellung
der einzelnen Programme [49].
Bei der Beschreibung des Bausteines zur Ermittlung des
Arbeitsablaufes wurde gezeigt, wie unter Berücksichtigung dieser Einschränkungen und durch einen geeigneten
Programmaufbau Bausteine entwickelt werden, bei denen

neue Verfahrensmethoden und firmeninterne Erfahrungen
leicht einbaubar sind.

Beim Zusammenbau aller Bausteine spielen die Faktoren
Wirtschaftlichkeit und einfache Handhabung des Systems
eine wichtige Rolle, die meist mit der Forderung nach einem universellen System in Konflikt stehen. Die Nutzung
spezifischer Eigenschaften einer bestimmten Anlage bedeutet zwar einen Abstrich in der Universalität des Systems,
sie kann jedoch die Programmlaufzeit stark verkürzen.

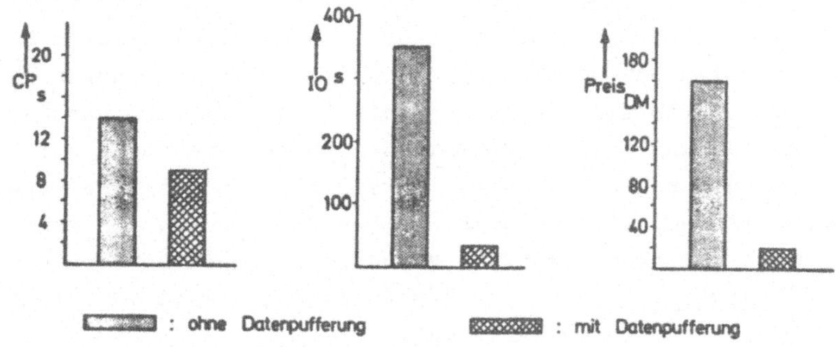

Bild 6/1: Einfluß der gepufferten Ein- und Ausgabe auf
die Rechenkosten.

Bild 6/1 zeigt u.a., wie durch die Anwendung der geblock-
ten Ein- und Ausgabe [50], mittels einer Systemroutine,
bei einer CDC 6600 die Rechenkosten für das in Bild 7/4

gezeigte Werkstück um mehr als den Faktor 8 reduziert
werden können. Diese Vorteile müssen ausgenutzt werden,
jedoch ist bei Einbau dieser Eigenschaften darauf zu
achten, daß sie bei einer Umstellung auf andere Rechner-
typen leicht rückgängig gemacht und durch ein entsprechen-
des Systemprogramm bzw. ein vom Anwender entwickeltes
Programm ersetzt werden können.
Für den Zusammenbau der Programme spielt die Größe der
Programme und Datenblöcke eine ausschlaggebende Rolle.
Das einfache Ablegen aller Programme und der erforderlichen
Datenblöcke im Zentralspeicher erfordert eine Speicher-
kapazität von 79.340 Worten à 60 bit (CDC 6600) (<u>Bild 6/2a</u>,
<u>6/2b</u>).

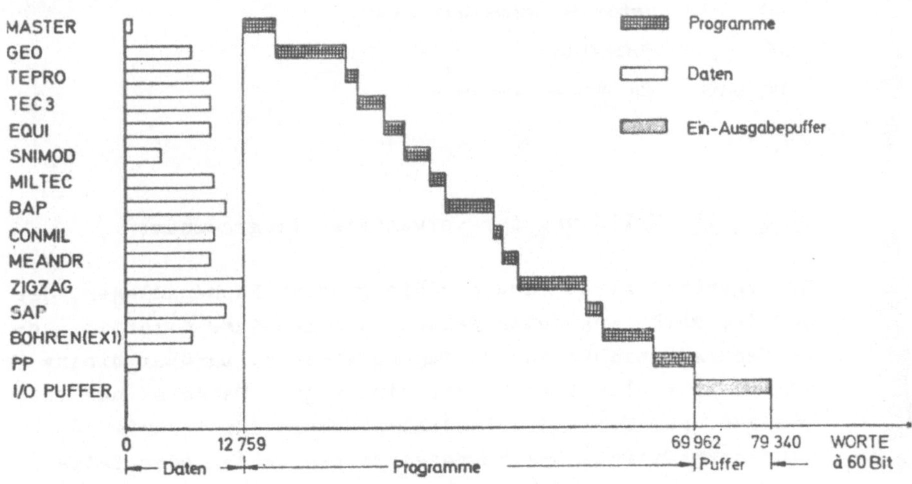

<u>Bild 6/2a</u>:Zentralspeicherbedarf ohne Segmentierung

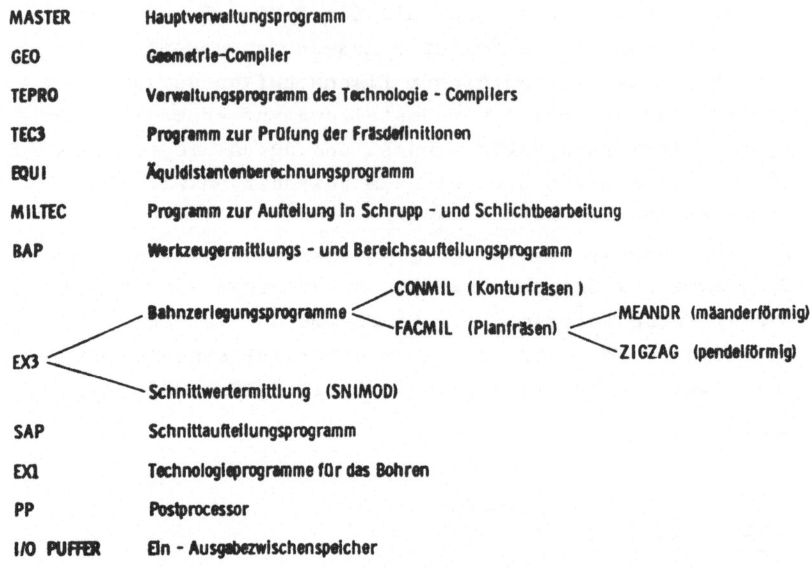

Bild 6/2b: Erklärung der verwendeten Programmnamen.

Demgegenüber steht, daß nur die größten Rechenanlagen, die
auf dem Markt angeboten werden, dem Benutzer derartig große Zentralspeicher zur Verfügung stellen. Darüber hinaus
können in vielen Firmen, die eine eigene Rechenanlage be-
treiben, nur Teile des Zentralspeichers für technisch-
wissenschaftliche Zwecke angesprochen werden oder, falls
doch der ganze für die Benutzer freigegebene Teil des
Zentralspeichers belegt werden kann, würden bei so großen
Programmen unerträglich große Wartezeiten auftreten.
Bedenkt man zudem, daß auf dem technisch-wissenschaftli-
chen Gebiet, vor allem wegen des Wunsches nach größerer
Unabhängigkeit vom kaufmännischen Bereich, sowohl in USA
als auch in Europa die Anzahl der Rechenanlagen der

Klasse IV (<u>Bild 6/3</u>) am stärksten zunimmt, dann müssen
Möglichkeiten gefunden werden, bei denen es nicht erforderlich ist, alle Programmteile gleichzeitig im Zentralspeicher zu halten.

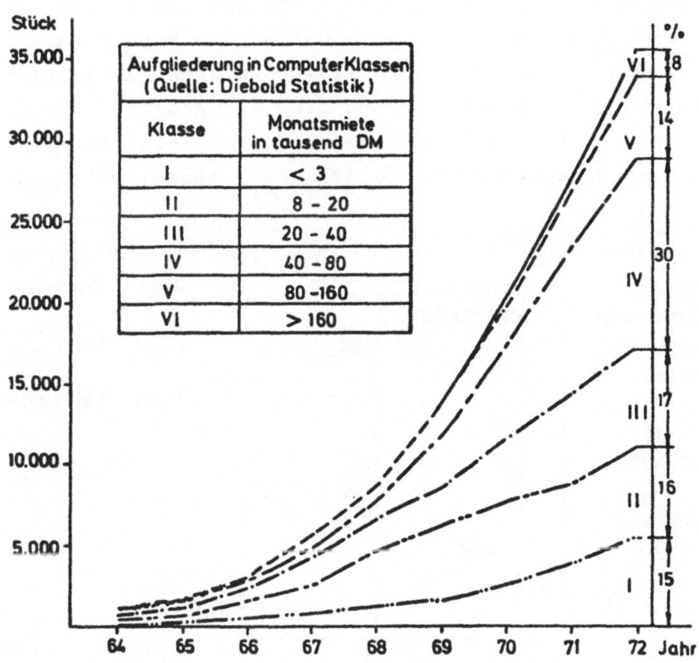

<u>Bild 6/3</u>:Anteil der verschiedenen Computer-Klassen am
         Computer-Gesamtbestand [68].

Im folgenden werden drei mögliche Lösungen vorgeschlagen.
Die erste Lösung wurde realisiert und wird auch ausführ-
licher besprochen. Die beiden anderen Lösungen sind Aus-
sichten auf noch bessere Nutzung neuartiger Entwicklungen.

6.1. Überlagernde Segmentierung.

Alle Rechnerhersteller entwickelten Verfahren, die es
erlauben, nur bestimmte Teile des Programmes im Zentralspeicher zu behalten, während der Rest extern gespeichert
wird.
Diese Segmentierung (Overlay) ist von den Herstellern unterschiedlich organisiert, so daß hier der Wunsch nach
Universalität nicht voll erfüllt werden kann. Am Beispiel
der Implementierung auf der CDC 6600 sei gezeigt, wie die
Ausnützung der überlagernden Segmentierung den erforderlichen Zentralspeicher auf 38.323 Worte reduziert (**Bild 6/4**).

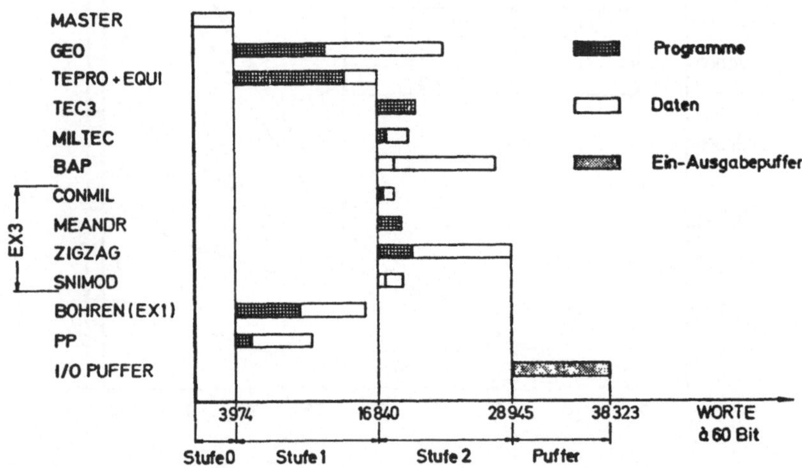

Bild 6/4: Zentralspeicherbedarf bei überlagernder Segmentierung (Overlay-Struktur).

Das ständig im Zentralspeicher vorhandene Hauptprogramm
(MASTER) steuert den gesamten Programmablauf und holt
dazu bei Bedarf die einzelnen Programmteile der Stufe I
vom peripheren Speicher in den Zentralspeicher (**Bild 6/5**).

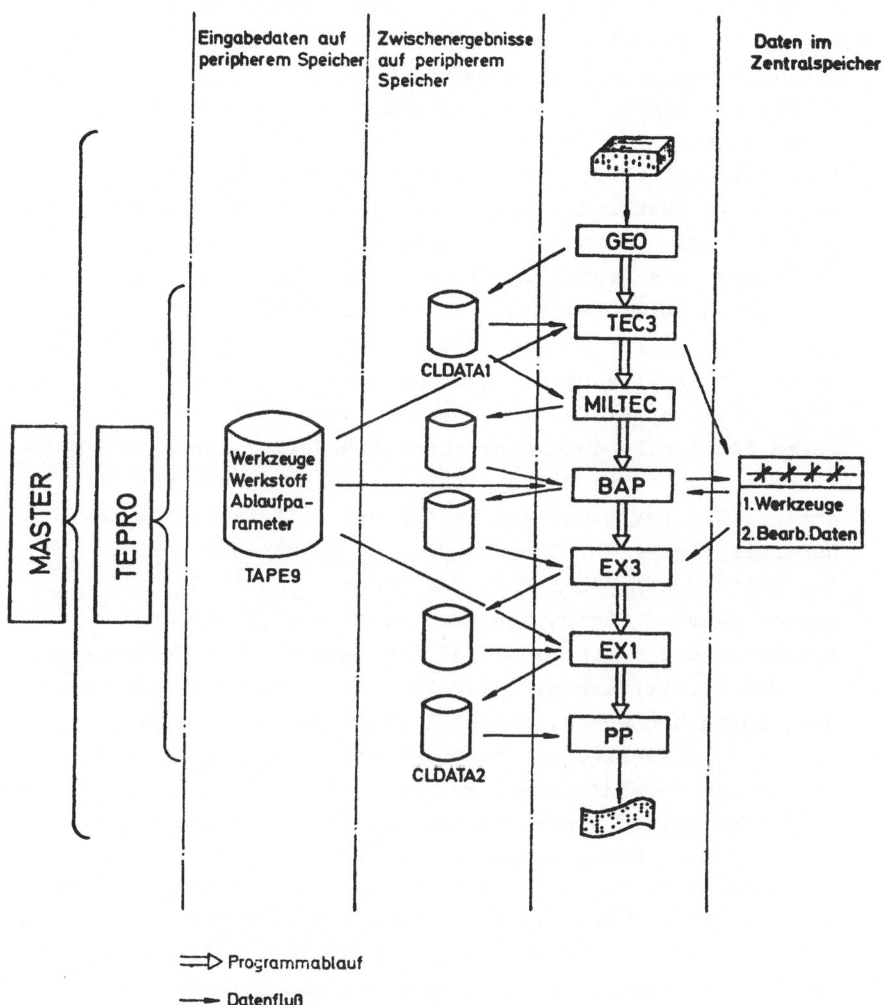

Bild 6/5: Ablaufplan des gesamten Systems.

Dieses Hauptprogramm veranlaßt, ausgehend vom Teileprogramm, die Erstellung einer CLDATA 1 (s. Kap.4.1).
Diese Information, auf einem peripheren Speicher abgelegt,
bildet die Eingabe für die Programme zur Verarbeitung der
Fräsaufgaben.
Ebenfalls auf peripheren Speichern stehen firmeninterne
Daten sowie Werkzeugdatei, Werkstoffdaten und Ablauf-
parameter den Technologie-Verarbeitungsprogrammen zur
Verfügung. Die Erstellung dieser Datei wurde in Kap.3
angedeutet. Das Organisationsprogramm (TEPRO) steuert
den Ablauf dieses Abschnittes und veranlaßt die Ermittlung
einzelner Teillösungen durch das Laden des jeweiligen
Programmes der Stufe II. Im ersten Teil prüft das Programm TEC 3 alle technologischen Fräsdefinitionen auf Richtigkeit, sucht die Daten aller im Teileprogramm explizit
angegebenen Werkzeuge und legt diese in Datenblöcke im
Zentralspeicher ab. Diese Werkzeuge kommen während der
Bearbeitung auf jeden Fall zum Einsatz. Durch die Abspeicherung im Zentralspeicher haben die nachfolgenden
Programme zur rechnerunterstützten Auswahl von Werkzeugen
für Fräsbearbeitungen, wofür im Teileprogramm kein Werkzeug angegeben wurde, direkt Zugriff auf diese abgespeicherten Werkzeugdaten. Diese werden bei der Auswahl
zuerst auf Verwendbarkeit geprüft.
In MILTEC werden Fräsbearbeitungen, falls erforderlich,
in Schruppen, Schlichten bzw. Feinschlichten aufgeteilt.
Die Ausgangskontur muß dabei um das für die nachfolgende
Bearbeitung erforderliche Aufmaß modifiziert werden.
Jeder ermittelte Bearbeitungsschritt wird in CLDATA 1 -
Format auf einem peripheren Speicher geschrieben.

Die Beschreibung eines Bearbeitungsschrittes besteht aus:
  - der vollständigen Definition der Fräsbearbeitung.
  - der Beschreibung des zu zerspanenden Volumens. Die
    Beschreibungsform ist in (Kap.4.1) erläutert.

- 134 -

- dem Aufruf dieser Bearbeitung.
- dem Aufruf des zu zerspanenden Volumens.

Das Programm (BAP) zur Ermittlung von Werkzeugen für
die S_chruppbearbeitungen schließt sich an. In diesem
Programm wird mittels der Aktualisierung jedem Werkzeug
eine bestimmte Fräsaufgabe zugeordnet.
Der nachfolgende Programmkomplex EX3 nimmt diesen Zwischenspeicher als Eingabe und veranlaßt die Berechnung der Verfahrwege und Schnittwerte gemäß der angegebenen Fräsbe-
arbeitungsdefinition.

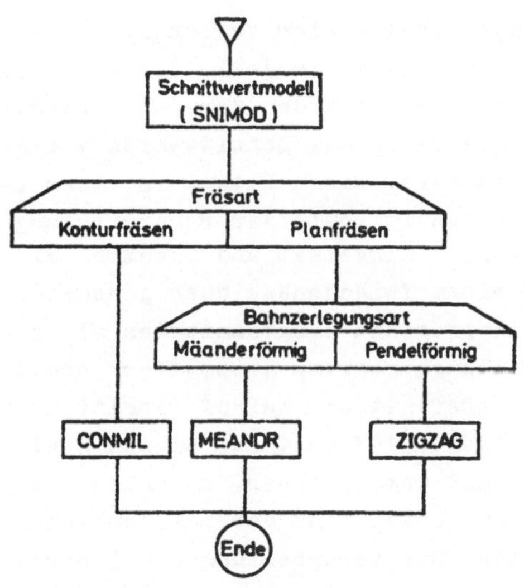

Bild 6/6: Ablauf der Bahnzerlegungsprogramme.

Der Ablauf dieses Programmkomplexes, ebenfalls von **TEPRO**
gesteuert, geht aus **Bild 6/6** hervor. Zum Aufbau der einzelnen Segmente sei noch darauf hingewiesen, daß die Programme zur Äquidistantenberechnung (**EQUI**) während der

Technologie-Verarbeitung ständig im Zentralspeicher sind,
weil diese sowohl während der Berechnung der Verfahrwege
beim Konturfräsen (CONMIL) und Taschenfräsen (MEANDR und
ZIGZAG), als auch bei der Bestimmung der einzelnen Bearbeitungsschritte (BAP) benötigt werden. Es ist jedoch
nicht möglich,diese Programme als Extrasegment wie MEANDR
zu definieren, sie sind nämlich zu eng mit dem Ablauf
der rufenden Programme verflochten.
Das würde bedeuten, daß alle zu diesem Zeitpunkt im rufenden Programm errechneten Daten, die noch nicht auf
einem peripheren Speicher als Endergebnis dieser Verar-
beitungsstufe ausgegeben werden können, in Datenblöcken
im Rechner gespeichert bleiben müßten. Der Gewinn an
Speicherplatz ginge dabei wieder verloren.
Anders ist es beim Schnittwertmodell. Vor der Berechnung
der Fräsbahnen ist alles über den Zerspanvorgang bekannt;
damit steht der Berechnung der Schnittwerte vor der Bahnzerlegung nichts im Wege. Diese Daten, in einem Daten-
block abgelegt, werden im Laufe der Bahnzerlegung an den
entsprechenden Stellen eingefügt und zusammen mit den
Verfahrwegen auf einem Zwischenspeicher geschrieben.
Sowohl die im Teileprogramm programmierten als auch die
vom Bereichsaufteilungsprogramm automatisch ermittelten
Bohrbearbeitungen (Definition, Aufruf, Position) werden
unverarbeitet in CLDATA 1-Format auf diesen Speicher über-
tragen. Ihr Platz auf dem Speicher, zwischen den verar-
beiteten Fräsbahnen, entspricht der tatsächlichen Bear-
beitungsreihenfolge. Die Verarbeitung der Bohrbearbeitungen durch das in [7] oder das in [10] dargestellte Verfahren schließt sich an (EX1).

Das Endergebnis ist die CLDATA 2. Die Anpassung an das
Eingabeformat für die im Teileprogramm programmierte
Werkzeugmaschine erfolgt im Postprocessor (PP). Wurde

im Teileprogramm eine Plotterzeichnung der CLDATA 2 ver-
langt, wird jetzt ein Magnetband für die Zeichenmaschine
vorbereitet.
Oft ist es auch erwünscht, einen Postprocessor unabhängig
vom Gesamtsystem und mit Lochkarten als Eingabe zu testen.
Zu diesem Zweck veranlaßt die Teileprogrammanweisung:

MACHIN/CARD2

das Ausstanzen der CLDATA 2.

Solang sich das Programmiersystem noch in der Testphase
befindet, ist es besonders interessant bei der Suche nach
Fehlern Testausdrucke einschalten zu können.

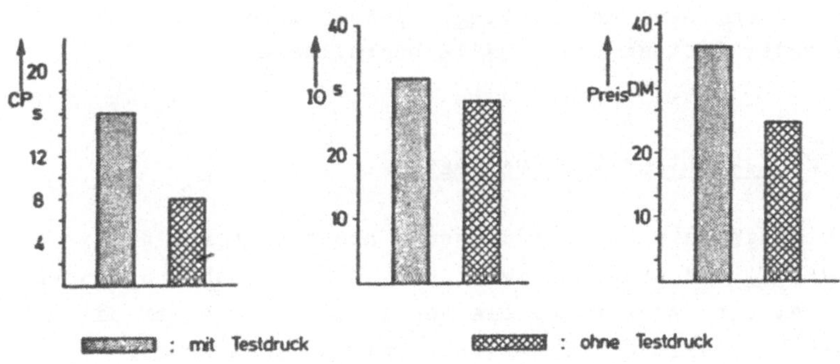

Bild 6/7: Rechenzeiten und -kosten für den Ausdruck der
Zwischenergebnisse (CDC 6600).

Um jedoch nicht alle Testausdrucke aus dem gesamten Pro-
grammsystem zu bekommen, erlaubt die Angabe des gewünschten Programmteiles den Ausdruck der unbedingt erforderlichen Zwischenergebnisse. Wie kostspielig das Drucken
ist, zeigt <u>Bild6/7</u>. Allein die CLDATA 2 für das in Bild 7/4
gezeigte. Werkstück umfaßt 190 Sätze. Das Ausdrucken
dieser Informationen kostet bei einer Rechenanlage vom
Typ CDC 6600 3.30 DM. Das ist 1/7 der Gesamtrechenkosten.
Das Abspeichern der Format-Spezifikationen für die Test-
ausgabe in den Teilen MASTER, TEPRO, ZIGZAG erfordert
2000 Speicherplätze.

In diesem Kapitel wurde gezeigt, mit welchen Maßnahmen
ein flexibles, wirtschaftliches, universelles und dennoch einfach zu handhabendes System zusammengebaut werden kann. Neue Entwicklungen jedoch werden in Zukunft
verstärkt diese Problematik beeinflussen.

6.2. <u>Zukünftige Entwicklungen.</u>

Es zeigen sich zwei bedeutende Richtungen ab, die in der
Zukunft auf die Implementierung von ähnlichen Systemen
nicht ohne Auswirkung bleiben werden. Zum einen die Entwicklung virtueller Speicher und zum anderen die Umstellung auf Modulartechnik.

6.2.1. <u>Virtueller Speicher.</u>

Das virtuelle Speicherkonzept ist im <u>Bild 6/8</u> dargestellt.
Das Organisationsprogramm sowie die Benutzerprogramme
erfordern einen Speicher, der wesentlich größer ist als
der zur Verfügung stehende Zentralspeicher (Kern- oder
Halbleiterspeicher).

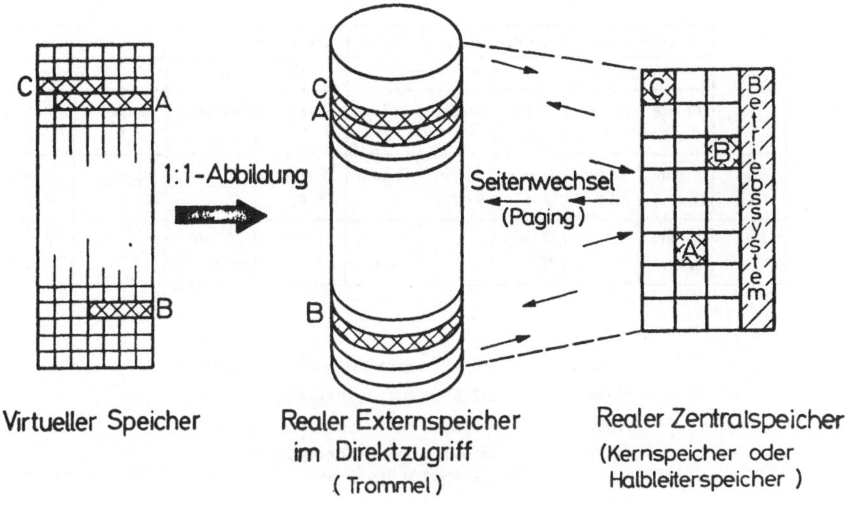

Bild 6/8: Virtuelles Speicherkonzept.

Darum wird der Zentralspeicher durch einen externen
Speicher mit Direktzugriff (Platte oder Trommel) er-
weitert. Reicht der Platz im Zentralspeicher nicht aus,
lagert das Betriebssystem Teile von momentan nicht ge-
brauchten Benutzerprogrammen auf den externen Speicher
aus. Werden diese Teile zur Verarbeitung wieder benötigt,
wechselt das Betriebsystem sie im Zentralspeicher gegen
andere Teile aus. Diese Teile nennt man Seiten bzw.
Pages, und das Verfahren heißt Seitenwechsel bzw. Paging.
Das Organisationsprogramm übernimmt automatisch die Ver-
waltung des Seitenwechsels und führt selbständig eine
Umsetzung der virtuellen Adresse in die physikalische
Adresse, die von der Hardware der Zentraleinheit ver-
arbeitet werden kann [51, 52, 53],durch.

Jobs	Segmentierte EXAPT 2 - Version (218 K Bytes)					Unsegmentierte EXAPT 2 - Version (650 K Bytes)			
	Verweilzeiten			CP -Zeiten		Verweilzeiten		CP -Zeiten	
	Anlage A	Anlage B	Anlage C	Anlage B	Anlage C	Anlage B	Anlage C	Anlage B	Anlage C
Job 1	7 min 25 s	3 min 51 s	4 min 27 s	0 min 49 s	0 min 56 s	3 min 12 s	3 min 47 s	0 min 42 s	0 min 48 s
Job 2	32 min 17 s	-	28 min 37 s	-	9 min 16 s	-	27 min 41 s	-	7 min 12 s

Anlage A	256 K	ohne	virtuellen	Speicher
Anlage B	512 K	mit	virtuellem	Speicher
Anlage C	256 K	mit	virtuellem	Speicher
CP-Zeit	Verrechnungsbasis für die Benutzung des "Central Processor"			

Bild 6/9: Vorteile des virtuellen Speichers [54].

Die Erfahrungen bei der Implementierung ähnlicher Systeme
zeigen deutlich die Vorteile dieses Konzeptes (Bild 6/9).
Das **EXAPT** 2-System benötigt unsegmentiert 650 k bytes
(ähnlich wie **EXAPT** 3) und kann dennoch auf eine Anlage
mit 256 k bytes und virtuellem Speicherkonzept in unseg-
mentierter Form implementiert werden.
Bild 6/9 zeigt zudem, daß dieses Konzept kleinere Verweil-
zeiten, d.h. einen schnelleren Jobdurchsatz erreicht.
Bei Ausnutzung des virtuellen Speicherkonzeptes durch
Implementierung einer unsegmentierten Version erzielt
man gegenüber einer Implementierung der segmentierten
Version sogar einen Rechenzeitgewinn von 10...20 %.

6.2.2. Modulartechnik.

Die Entwicklung großer, umfangreicher und universeller
Programmiersysteme steht der Tatsache gegenüber, daß
immer mehr kleine spezielle Systeme entwickelt werden,
die auf die spezifischen Wünsche einzelner Anwender
abgestimmt sind. Eine Gegenüberstellung der Vorteile beider Systeme ist im Bild 6/10 zusammengetragen.

<table>
<tr><td>UNIVERSALSYSTEM</td><td>SPEZIALSYSTEM</td></tr>
<tr><td>o Flexibel</td><td>o einsetzbar auf kleineren
     Rechenanlagen</td></tr>
<tr><td>o hoher Automatisierungsgrad</td><td>o einfache Wartung</td></tr>
<tr><td>o Einheitliche Ein- und Ausgabesprache
     für alle Bearbeitungsarten</td><td>o schnelle Durchlaufzeit</td></tr>
<tr><td>o Einheitliches Karteienformat</td><td>o gute Systemübersicht</td></tr>
<tr><td>o weite Verbreitung</td><td></td></tr>
</table>

Bild 6/10: Vorteile unterschiedlicher Programmkonzeptionen

Um die Vorteile beider Systeme auszunutzen, entwickelten die
Hersteller von Processoren Modularprogramme für ein Univer-
salsystem. Das wesentliche Kennzeichen eines modularen Pro-
grammiersystems ist die Unterteilung in Moduln, die eine
bestimmte, in sich abgeschlossene Aufgabe lösen und eine
definierte Schnittstelle haben. Die Lösung des Gesamtpro-
blems erfolgt durch eine Kombination einzelner Module.
Zur Zeit wird an vielen Stellen an solchen Konzepten ge-
arbeitet,und eine einheitliche Definition von Moduln
liegt noch nicht vor. In [55] ist eine sehr allgemein

gefaßte Definition aufgenommen:
" Ein Modul ist ein unabhängiges System von Regeln und
Daten zur Lösung bestimmter Probleme unterschiedlicher
Größe, dessen Inhalt so definiert ist, daß keine redun-
danten noch irrelevanten Teile auftreten und daß es ein-
fach mit anderen Moduln kombiniert werden kann. "

Die Grundeigenschaft eines Moduls ist seine Unabhängigkeit. Jeder Modul ist für sich funktionsfähig. Das größte
Problem bildet dabei die Datenübertragung zwischen den
einzelnen Moduln, denn eine echte Unabhängigkeit kann
nur gewährleistet sein, wenn eine einheitliche Datenstruktur sowohl für die Ein- als auch für die Ausgabe
gilt. Erst dann lassen sich einzelne Moduln zu einem Processor zur Lösung aller im Teileprogramm definierten Aufgaben zusammenstellen. Dem Problem der Datenübertragung
wird in [56] besondere Aufmerksamkeit geschenkt.

Die Umstellung des EXAPT 3-Processors auf Modularproces-
soraufbau stellt keine extreme Probleme, da eben viele von einander unabhängige und funktionsfähige Bausteine, im Sinne
von Moduln, vorliegen. Die Anpassung der Datenstruktur,
die Aufteilung zu großer Bausteine und ihre Organisation
bleiben noch zu lösen.
Die ersten Erfahrungen mit einem Basis-Modular-Processor
liegen vor und bestätigen die im Bild 6/10 eingetragenen
Vorteile [57, 58].

7. Wirtschaftlichkeitsvergleich.

Die Wirtschaftlichkeit eines Verfahrens ergibt sich aus
dem Verhältnis einer erzielten betrieblichen Leistung zu
den dafür eingesetzten gesamten Aufwendungen [59].

Die Notwendigkeit der Einführung der rechnerunterstützten
Auswahl mehrerer Fräswerkzeuge pro Bearbeitungsstelle geht
deutlich hervor aus einem Wirtschaftlichkeitsvergleich mit
dem bisherigen Verfahren, bei dem pro Bearbeitungsstelle
nur ein Werkzeug eingesetzt wird und vom Teileprogrammierer explizit anzugeben ist.
Geht man bei dem Vergleich davon aus, daß mit beiden Verfahren die gleiche Leistung (Werkstück) zu erzielen ist,
dann genügt es, die gesamten Aufwendungen (Kosten) mit-
einander zu vergleichen. Das Verfahren, das die geringsten
Kosten verursacht, ist für die beabsichtigte Leistung das
wirtschaftlichere Verfahren. Da jedoch die Auswahl der zu
erzielenden Leistungen den Vergleich beeinflussen kann,
muß der Vergleich für ein repräsentatives Werkstück oder
Werkstückspektrum erfolgen. In diesem Kapitel werden drei
spezifische Werkstücke aus der Industrie als Vergleichs-
basis herangezogen.

7.1. Kostengleichung.

Bild 7/1 zeigt die Zusammensetzung der Herstellkosten. Die
Konstruktionskosten und die Materialkosten beeinflussen
den Wirtschaftlichkeitsvergleich nicht, da sie unabhängig
sind von den zu untersuchenden Verfahren.

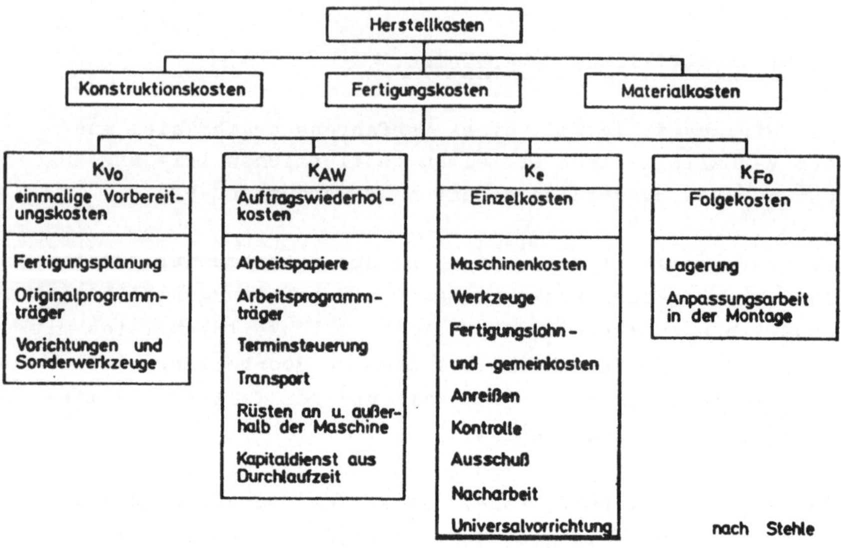

Bild 7/1: Herstellkosten [60]

Für die Fertigungskosten/Stück bietet sich die von Stehle
[60] vorgeschlagene Funktion an:

$$K_{St} = \frac{K_{Vo}}{n_g} + \frac{K_{AW}}{L} + K_e + K_{Fo}$$

Die kostenverursachenden Faktoren lassen sich in verfahrensabhängige und verfahrensunabhängige einteilen. Als verfahrensabhängige sind nur die Faktoren zu betrachten, die durch
die Auswahl des Verfahrens beeinflußt werden;

   1. Kosten für die Erstellung des Programmträgers K_{Prog}

   2. Maschinenkosten K_M

   3. Fertigungslohnkosten K_{FL}

   4. Werkzeugkosten K_W

7.1.1. <u>Kosten für die Herstellung des Programmträgers</u>.

Die Kosten, die bei der Herstellung des Programmträgers
anfallen, teilen sich auf in Personalkosten und Rechenkosten.

Bei den <u>Personalkosten</u> treten bei der Teileprogrammierung
nur unwesentliche Ersparnisse auf, da das Teileprogramm,
was die Anzahl der Eingabesätze betrifft, gleich lang
bleibt und dem Teileprogrammierer nur das lästige Suchen
in der Werkzeugkartei nach der Identnummer eines geeigneten Werkzeugs erspart bleibt.

Ausgangsbasis für den Vergleich der <u>Rechenkosten</u> sind die
Kosten, die bei der rechnerinternen Verarbeitung eines
fehlerfreien Teileprogrammes entstehen. Die Rechenkosten
für die rechnerunterstützte Auswahl von mehreren Werkzeugen pro Bearbeitungsstelle weichen an 2 Stellen von den
Rechenkosten für die herkömmliche Programmierung ab.
1. Die durch das Ermitteln von geeigneten Werkzeugen und
   durch die Aktualisierung verursachten Kosten treten
   nur beim neuen Verfahren auf und betragen 20%...40% der
   Rechenkosten, die für die vollständige Verarbeitung
   gemäß den herkömmlichen Verfahren erforderlich sind.
2. Die durch das Berechnen der Verfahrwege verursachten
   Kosten sinken bei dem neuen Verfahren; da im Vergleich
   zum herkömmlichen Verfahren größere Werkzeuge und dadurch weniger Bahnen zu ermitteln sind.
Die anfallenden Rechenkosten sind vom Werkstück abhängig
und sind beim Kostenvergleich für jedes Werkstück getrennt
aufgeführt.

BERECHNUNG DER MASCHINENSTUNDENKOSTEN EINES BOHR-UND FRÄSWERKES MIT
AUTOMATISCHER WERKZEUGWECHSELVORRICHTUNG

Bezeichnung	Kurzzeichen	Dimension		
Beschaffungswert	A_B	DM	500 000.-	
Wiederverkaufswert	A_W	DM	1 404.-	
Nutzungsdauer	N_u	Jahre	10	
Nutzungszeit / Jahr	T_f	h /Jahr	1 500	
Kalkulatorische Abschreibung je Maschinenstunde	$K_A = \dfrac{(A_B - A_W)}{N_u \cdot T_f}$	DM/ h		33.24
Zinssatz für kalkulatorische Zinsen	p	%	$\dfrac{6,5}{100}$	
Kalkulatorische Zinsen je Maschinenstunde	$K_Z = \dfrac{(A_B - A_W) \cdot p}{2 \cdot T_f}$	DM/ h		10.80
Jährliche Instandhaltungs- und Wartungskosten	R_a	DM/Jahr	17 000.-	
Instandhaltungs- und Wartungskosten je Maschinenstunde	$K_I = \dfrac{R_a}{T_f}$	DM/ h		11.33
Platzbedarf der Maschine	R_b	m^2	30	
Platzkostenfaktor	i_p	DM/m^2·Jahr	48	
Platzkosten je Maschinenstunde	$K_R = \dfrac{R_b \cdot i_p}{T_f}$	DM/ h		-.96
Energieanschlußwert der Maschine	P_a	kW	45	
Ausnutzungsgrad	η		2/3	
Preis je Kilowattstunde	e_E	DM/kWh	-.15	
Energiekosten je Maschinenstunde	$K_E = P_a \cdot e_E \cdot \eta$	DM/ h		1.50
Maschinenstundenkosten	$K_A + K_Z + K_I + K_R + K_E$	DM/h		57.83

Bild 7/2: Berechnung des Maschinenstundensatzes

7.1.2. <u>Maschinenkosten.</u>

Die Berechnung der verfahrensabhängigen Maschinenkosten
setzt sich zusammen einerseits aus der Ermittlung der
verfahrensabhängigen Zeitanteile für die Fertigung eines
Werkstücks, andererseits aus der Bestimmung des Maschinenstundensatzes.
Die verwendeten Begriffe für die zeitliche Auslastung
einer Werkzeugmaschine richten sich nach den gängigen
REFA-Begriffen [61,62] , die allerdings in der Benennung
von der VDI-Richtlinie 3258 [63, 64] abweichen.
Die Hauptzeit, t_h, ist die Zeit, während der das Werkzeug im Eingriff ist. Sie wird voll in dem Vergleich an-
gerechnet.
Von der Nebenzeit wird nur die Zeit, t_{nv}, die für alle
Werkzeugwechselvorgänge und für die dazugehörigen Posi-
tionierungen erforderlich ist, in den Vergleich einbe-
zogen.
Die Rüstzeit ist vom gewählten Verfahren nicht abhängig.
Sind K_{Ms} die Maschinenkosten pro Zeiteinheit, dann berechnen sich die verfahrensabhängigen Maschinenkosten K_M
zu:

$$K_M = K_{Ms}(t_h + t_{nv})$$

Der Maschinenstundensatz, errechnet gemäß der VDI-Richtlinie 3563, ergibt sich aus <u>Bild 7/2</u>.

7.1.3. <u>Fertigungslohnkosten.</u>

Zu den Fertigungslohnkosten K_{FL}, die den Vergleich beider
Verfahren beeinflussen, gehören die Lohnkosten des Bedienungspersonals der Maschine und die Lohngemeinkosten, die während der verfahrensabhängigen Zeit entstehen.

Das bedeutet, daß die Fertigungslohnkosten und die Maschinenkosten für den gleichen Zeitanteil $t_h + t_{nv}$ zu berücksichtigen sind.

$$K_{FL} = (t_h + t_{nv}) \cdot L_s \cdot (1 + g_s)$$

L_s = Stundenlohn des Bedienungspersonals
g_s = Lohngemeinkostenfaktor

7.1.4. Werkzeugkosten

Die Werkzeugkosten, die pro Standzeit anfallen, betragen:

$$W_T = \frac{(W_a - W_u) + n_s \cdot W_s}{n_s + 1} \qquad (7-1)$$

W_a = Anschaffungspreis des Werkzeuges
W_u = Restwert des Werkzeuges
W_s = Kosten je Nachschliff
n_s = Zahl der möglichen Instandsetzungen eines Werkzeuges

Die Kosten pro Nachschliff ihrerseits folgen aus:

$$W_s = K_s \cdot t_s \qquad (7-2)$$

Dabei ist t_s die Schleifzeit. Die Schleifkosten pro Zeiteinheit, K_s, setzen sich zusammen aus:
    Schleifmaschinenkosten
    Lohnkosten
und Lohngemeinkosten der Schleiferei. [1]

---

1) Im Rahmen diese Arbeit gelten

Schleifmaschinenkosten	6 DM/h
Lohnkosten für Schleiferei	9 DM/h
Lohngemeinkosten	<u>5 DM/h</u>
Schleifkosten pro Stunde	20 DM/h

Die Kosten K_W eines Werkzeuges, das für die Fertigung des
untersuchten Werkstücks während der Zeit t_h im Eingriff
ist und dessen Standzeit T beträgt, berechnen sich zu:

$$K_W = W_T \cdot \frac{t_h}{T} \qquad (7\text{-}3)$$

Unter Berücksichtigung von Gl.(7-1) und Gl.(7-2) ergibt
Gl.(7-3)

$$K_W = \frac{(W_a - W_u) + n_s \cdot K_s \cdot t_s}{(n_s + 1) \cdot T} \cdot t_h \qquad (7\text{-}4)$$

	Kurzzeichen	Nutenfräser $\emptyset\,10$		Schaftfräser									
				$\emptyset\,16$		$\emptyset\,20$		$\emptyset\,25$		$\emptyset\,32$		$\emptyset\,45$	
		GG	St. 45	GG	St. 45	GG	St. 45	GG	St. 45	GG	St. 45	GG	St. 45
Anschaffungskosten [*]	W_a [DM]	12. 20		21. 50		32. 00		48. 50		67. 00		155. 00	
Anzahl der möglichen Nachschliffe [*]	n_s	3	2	4	3	5	4	5	4	6	5	8	6
Zeit je Nachschliff [*]	T_s [min]	23	28	23	28	30	35	30	35	45	50	45	50
Standzeit für $V_B = 0,5$ mm [*]	T [min]	25	16	40	25	55	32	70	40	90	50	120	70
Werkzeugkosten je Standzeit	W_T [DM]	8. 80	10. 28	10. 43	12. 37	13. 66	15. 73	16. 42	19. 03	22. 43	25. 06	30. 55	36. 43
Werkzeugkosten für 1 Std. Hauptzeit	K_{Wh} [DM/h]	21. 12	38. 55	15. 64	29. 69	14. 90	29. 49	14. 07	28. 54	14. 95	30. 07	15. 27	31. 22

[*] nach Walter

Bild 7/3: Werkzeugkosten

In Bild 7/3 sind die Werkzeugkosten, abgeleitet aus Werkzeugdaten der Fa. Montanwerke Walter, aufgeführt. Diese
Werkzeugdaten sowie die Ergebnisse finden ihre Bestätigung

in [65]. Die kostenoptimalen Standzeiten, nach Gl.(3-5)
berechnet, liegen im Durchschnitt 10%...20% höher als die
von Walter angegebenen Werte. Eine Firmenbefragung ergab,
daß fast alle Firmen zur Berücksichtigung der Werkzeugkosten
einen festen Wert in der Höhe von 4.- bis 6.-DM/h zu dem
Maschinenstundensatz addieren. Bei dieser Kalkulation fallen demzufolge nicht nur während der Hauptzeit t_h, sondern auch während der gesamten Nebenzeit t_n und Rüstzeit
an der Maschine Werkzeugkosten an. Bedenkt man, daß die
Hauptzeit 26% der Gesamtmaschinenzeit betragen kann [66]
und für die anschließend behandelten Beispielen um 50%
liegt, weil dasselbe Werkzeug über längere Zeit im Eingriff bleibt, dann sind die in <u>Bild 7/3</u> aufgeführten
Werkzeugkosten und die aus der Firmenbefragung erhältlichen
Werte in Einklang zu bringen.

7.2. <u>Kostenvergleich an Beispielen.</u>

Für jedes der Beispiele sind die den Berechnungen zu-
grunde gelegten Daten getrennt aufgeführt. Die Schnittdaten, die einer Fertigung der Teile aus Stahl entsprechen, sind im 1. Beispiel dem Werkzeugkatalog der Fa.
Walter, im 2. Beispiel dem der Fa. Stock und im 3. Beispiel
der automatischen Ermittlung entnommen. Die beim Vergleich
eingesetzten Werkzeugkosten und Standzeiten sind <u>Bild 7/3</u>
entnommen.
Zu den verfahrensabhängigen Nebenzeiten gehören die Zeiten,
die für jeden Werkzeugwechsel sowie für das Positionieren
von der einen Bearbeitungsstelle zur anderen erforderlich
sind.
Ein vollständiger Werkzeugwechsel setzt sich zusammen aus:
- dem Zurückziehen auf die Werkzeugwechselposition,
- dem Werkzeugwechselvorgang,
- dem Positionieren am Werkstück.

Die neuesten Entwicklungen auf dem NC-Werkzeugmaschinen-
gebiet geben für den gesamten Vorgang eine durchschnittli-
che Schnitt-zu-Schnittzeit von (10...20)s an [73,74] . Bei
den hier behandelten Beispielen liegt diese bei 20s.
Das kleinste Werkzeug ist bei allen Beispielen ein Langlochfräser mit 10 mm Durchmesser und mit einer Standzeit
von 16 min. Da die Hauptzeit für dieses Werkzeug größer
ist als die Standzeit, ist ein entsprechend häufiger Werkzeugwechsel erforderlich, der sich bei den Nebenzeiten
bemerkbar macht.
Die verfahrensabhängigen Lohnkosten ergeben sich aus
(Kap. 7.1.3) mit

$$L_s = 10.-DM/h$$
$$g_s = 0.8$$

7.2.1. Hebel

Gegenstand des Vergleichs ist der im **Bild 7/4a** und **7/4b**
gezeigte Hebel. Die verfahrensabhängigen Bearbeitungen
sind:
  - Ausräumen der drei Taschen
  - Konturschnitt an der umfassenden Kontur.
Wird dieses Werkstück mit nur _einem_ Werkzeug bearbeitet,
dann kommt ein Langlochfräser mit 10 mm Durchmesser zum
Einsatz. Bei der Bearbeitung mit mehreren Werkzeugen wird
das Ausräumen der kleinen Tasche, der Konturschnitt an der
umfassenden Kontur, der Konturschnitt an den beiden großen Taschen, sowie die Eintauchstelle für das nachfolgende Werkzeug mit einem Langlochfräser von 10 mm Durchmesser durchgeführt. Die Restbearbeitung der beiden großen
Taschen erfolgt mit einem 25 mm Schaftfräser.
Zeit und Kostenvergleich sind in **Bild 7/4c** eingetragen.

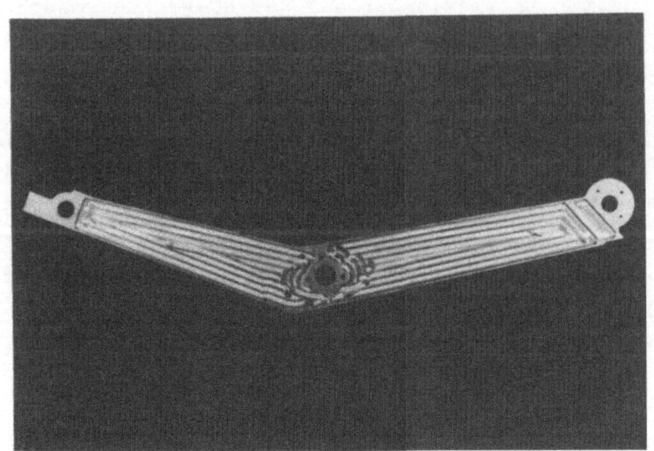

Bild 7/4a: Hebel - Werkstückaufnahme

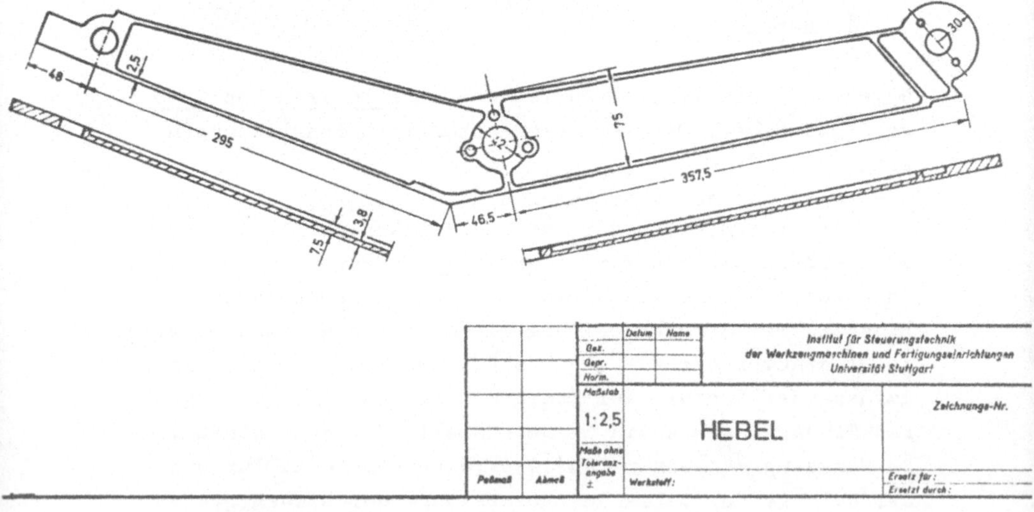

Bild 7/4b: Hebel - Zeichnung

Werkzeug		1	2
Durchmesser	mm	10	25
Vorschub / Zahn	mm / Zahn	0,01	0,12
Schnittgeschwindigkeit	m / min	130	130
Werkzeugkosten/Stunde Hauptzeit	DM / h	38,55	28,54
Schnittdaten nach		Walter	

		Fertigung mit 1 Werkzeug		Fertigung mit 2 Werkzeugen	
Programmkosten	DM		49,33		57,53
Hauptzeit t_h / Werkzeug 1	min	105,88		52,19	
Hauptzeit t_h / Werkzeug 2	min			2,05	
Verfahrensabh. Nebenzeit t_{nv}	min	2,30		2,60	
t_h + t_{nv}	min	108,18		56,84	
Maschinenstundensatz	DM / h	57,83		57,83	
Maschinenkosten	DM		104,26		54,78
Werkzeugkosten	DM		68,06		34,53
Lohnkosten u. Lohngemeinkosten	DM		32,45		17,05
Verfahrensabh. Gesamtkosten	DM		254,10		163,89
Verfahrensabh. Gesamtkosten	%		100		64

<u>Bild 7/4c</u>: Zeit und Kostenvergleich

7.2.2. Eckbeschlag.

Bei diesem Beispiel handelt es sich um einen Eckbeschlag
aus dem Flugzeugbau (<u>Bild 7/5a</u> und <u>7/5b</u>). Bei der Fertigung mit zwei Werkzeugen wird nur bei der großen Tasche,
nach dem Konturschnitt und nach dem Freilegen der Eintauchstelle mit einem Langlochfräser von 10 mm Durchmesser ein
Schaftfräser von 32 mm Durchmesser eingesetzt. Die Zeit-
und Kostenvergleiche zeigt <u>Bild 7/5c</u>.

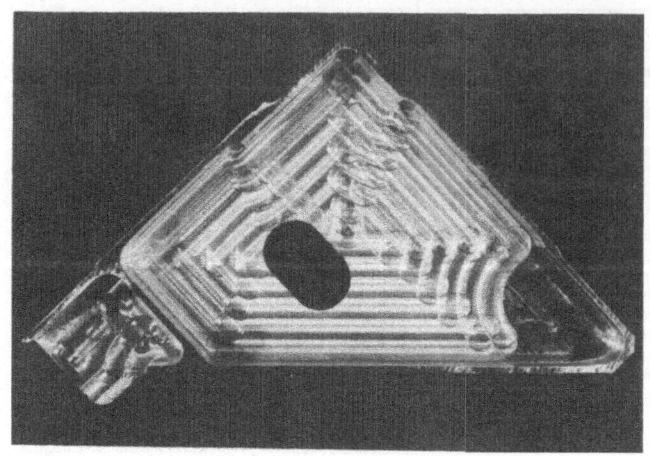

Bild 7/5a: Eckbeschlag – Werkstückaufnahme

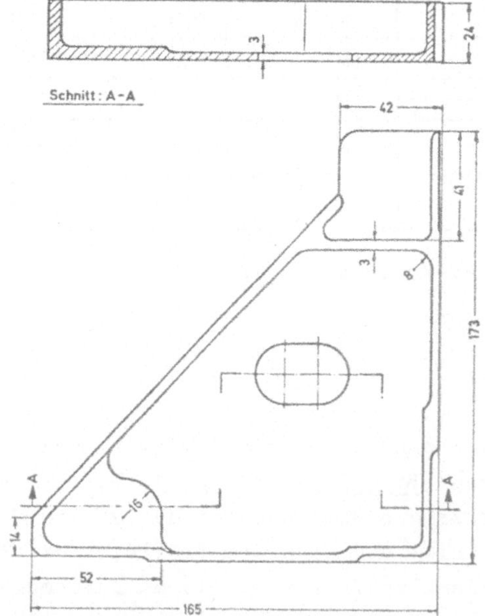

Bild 7/5b: Eckbeschlag – Zeichnung

Werkzeug		1		2	
Durchmesser	mm	10		32	
Vorschub / Zahn	mm / Zahn	0,01		0,05	
Schnittgeschwindigkeit	m / min	35		35	
Werkzeugkosten/StundeHauptzeit	DM / h	38,55		30,06	
Schnittdaten nach		Stock			
		Fertigung mit 1 Werkzeug		Fertigung mit 2 Werkzeugen	
Programmkosten	DM		44,31		50,43
Hauptzeit t_h — Werkzeug 1	min	115,52		74,52	
Hauptzeit t_h — Werkzeug 2	min			6,57	
Verfahrensabh. Nebenzeit t_{nv}	min	2,6		2,5	
t_h + t_{nv}	min	118,12		83,59	
Maschinenstundensatz	DM / h	57,83		57,83	
Maschinenkosten	DM		113,84		80,56
Werkzeugkosten	DM		74,26		51,20
Lohnkosten u. Lohngemeinkosten	DM		35,44		25,08
Verfahrensabh. Gesamtkosten	DM		267,85		207,27
Verfahrensabh. Gesamtkosten	%		100		77

<u>Bild 7/5c</u>: Zeit- und Kostenvergleich

7.2.3. <u>Rechteckige Tasche.</u>

Bei diesem Teil handelt es sich um eine rechteckige Tasche
mit Eckenradien (<u>Bild 7/6a</u>). Es ist ein theoretisches Beispiel und wurde wegen der einfach zu programmierenden Kontur als Berechnungsbeispiel genommen; ähnliche Werkstücke
finden allerdings häufig Anwendung in der Industrie. Im
ersten Fall hat das einzige Werkzeug einen Durchmesser von
10 mm. Bei der Bearbeitung mit zwei Werkzeugen hat das
zweite Werkzeug einen Durchmesser von 45 mm.
Zeit- und Kostenvergleich für die Fertigung dieses Werkstücks zeigt <u>Bild 7/6b</u>.

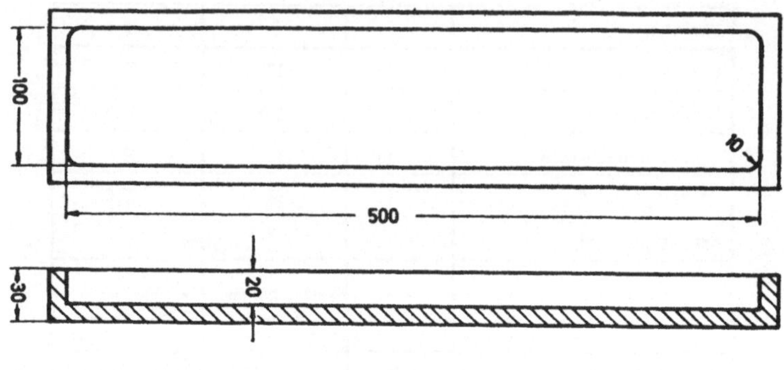

TASCHE

<u>Bild 7/6a</u>: Tasche - Zeichnung

Werkzeug			1		2	
Durchmesser		mm	10		45	
Vorschub / Zahn		mm / Zahn	0,03		0,15	
Schnittgeschwindigkeit		m / min	103		80	
Werkzeugkosten / Stunde Hauptzeit		DM / h	38,55		31,22	
Schnittdaten nach			Schnittwertmodell			
			Fertigung mit 1 Werkzeug		Fertigung mit 2 Werkzeugen	
Programmkosten		DM		19,64		22,31
Hauptzeit t_h	Werkzeug 1	min	68,45		22,70	
	Werkzeug 2	min			1,37	
Verfahrensabh. Nebenzeit t_{nv}		min	1,5		0,9	
t_h + t_{nv}		min	69,95		24,97	
Maschinenstundensatz		DM / h	57,83		57,83	
Maschinenkosten		DM		68,58		24,06
Werkzeugkosten		DM		44,00		15,30
Lohnkosten u. Lohngemeinkosten		DM		20,98		7,49
Verfahrensabh. Gesamtkosten		DM		153,20		69,16
		%		100		45

<u>Bild 7/6b</u>: Zeit- und Kostenvergleich

Für alle drei Werkstücke fallen die Vergleiche für das
Verfahren mit zwei Werkzeugen noch günstiger aus, wenn
man von einer Gesamtstückzahl $n_g > 1$ ausgeht.
In diesem Fall werden die Programmkosten durch n_g geteilt.
Bei allen Beispielen ist bei der Fertigung mit nur einem
Werkzeug die Hauptzeit für dieses Werkzeug größer als die
Standzeit. Dadurch entstehen zusätzliche Werkzeugwechsel-
zeiten und ist sogar die gesamte verfahrensabhängige
Nebenzeit in den beiden letzten Fällen größer als bei
der Fertigung mit zwei unterschiedlich großen Werkzeugen.

8. <u>Zusammenfassung.</u>

In der vorliegenden Arbeit wurde ein System vorgestellt,
das bei der NC-Programmierung von Bohr- und Fräswerken
mit zwei bahngesteuerten und einer streckengesteuerten
Achse die erforderlichen Werkzeuge und die dazugehörenden
zu zerspanenden Bereiche bestimmt.
Da nun auch rechnerintern die Verfahrwege für mehrere
Werkzeuge pro Bearbeitungsstelle ermittelt werden können,
was mit den bisherigen Systemen nur für ein Werkzeug pro
Bearbeitungsstelle möglich war, zeichnet sich diese Entwicklung durch eine beachtliche Verkürzung der Fertigungs-
zeiten und nur geringe Mehrkosten für die Erstellung der
Steuerdaten aus. Der Vergleich an praxisnahen Beispielen
liefert einen deutlichen Nachweis.

Die Lösung dieses Problems, die teilweise auf bestehende
Teillösungen zurückgriff, erforderte zunächst eine Unter-
suchung und Ergänzung des Programms zur Ermittlung der
Schnittdaten, sowohl im Hinblick auf die Werkzeugdaten,
die das Ergebnis beeinflussen, als auch was den Ablauf
des Programmes selbst betrifft.
Aus diesen Untersuchungen resultieren Randbedingungen für
die Auswahl von Werkzeugen. Unter Berücksichtigung dieser
Randbedingungen folgt aus einer Analyse der Geometrie der
Bearbeitungsstelle die Suche nach optimalen Werkzeugen.
Die Entscheidung, ob überhaupt mehrere Werkzeuge pro Bearbeitungsstelle eingesetzt werden sollen, und die Festlegung optimaler Werkzeuggrößen stützten sich auf die Ermittlung der zu erwartenden Kosten.

Um auf die bestehenden Bahnzerlegungsprogramme zurückgreifen zu können, war es erforderlich, die im Teileprogramm
definierte Bearbeitungsstelle, unter Berücksichtigung des
aktuellen Standes der Abarbeitung, in einzelne, jedem

Werkzeug zugeordnete Bereiche aufzuteilen.
Da in der Praxis Systeme mit festen und unbeeinflußbaren
Arbeitsabläufen sich nur schwer durchsetzen können, ist
bei diesem System, sowohl bei der Erstellung der einzelnen Bausteine als auch bei deren Zusammenbau, die Möglichkeit realisiert worden durch einfache Eingriffe den Programmablauf zu ändern oder sogar einzelne Programmteile
zu ersetzen. Diese Eigenschaft ist vor allem dann von
großem Vorteil, wenn neue Anwender eigene, betriebsinterne
Erfahrungen mit diesem System realisieren wollen.

Durch diese Arbeit ist es gelungen, neben der Verfahrweg-
bestimmung nun auch die Werkzeugermittlung und Teile der
Arbeitsablaufplanung rechnerintern durchzuführen.
Dadurch ist ein weiterer Schritt getan auf dem Weg zum
vollintegrierenden Programmiersystem, das sowohl Aufgaben
der Konstruktion, der Fertigungsvorbereitung als auch der
Produktion automatisiert.

Zur Realisierung dieser Idee ist zunächst kurzfristig
die gesamte Arbeitsplanung in Angriff zu nehmen. Diese
Planung soll nicht nur pro Bearbeitungsstelle, sondern
für das ganze Werkstück und für alle Bearbeitungen die
erforderlichen Werkzeuge und einen optimalen Arbeitsablauf festlegen. Dann erst wird es möglich sein, ausgehend
ausschließlich von der Werkstückbeschreibung die Steuerdaten für eine vollständige Fertigung zu bestimmen.

Langfristig sind durch das Programmiersystem Aufgaben aus
dem Bereich der Konstruktion und der Produktion zu übernehmen. Einerseits soll das Programmiersystem ein Hilfsmittel sein für den Konstrukteur, der sein Konzept unmittelbar in ein Teileprogramm niederlegt und nach Verarbeitung durch den Rechner am Bildschirm oder auf der Plotter-

zeichnung beurteilen und modifizieren kann, bis es für
die Fertigung freigegeben werden kann. Anderseits soll
die Entwicklung von weiteren Programmbausteinen, ausgehend
vom selben Teileprogramm die Prüfung der fertigen Werkstücke an der NC-Meßmaschine übernehmen.

Berichte aus dem Institut für Steuerungstechnik der Werkzeugmaschinen und Fertigungseinrichtungen der Universität Stuttgart

Herausgegeben von Prof. Dr.-Ing. G. Stute

ISW 1   **Numerische Bahnsteuerung**
Beitrag zur Informationsverarbeitung und Lageregelung.
Von Dr.-Ing. **Dietmar Schmid**,
1972, 89 S. mit 44 Bildern
ISBN 3-540-05834-6, ISBN 0-387-05834-6
Kart. DM 24,—

ISW 2   **Fräsbearbeitung gekrümmter Flächen**
Flächenbeschreibung, Programmierung und Fertigung
Von Dr.-Ing. **Horst Schwegler**,
1972, 111 S. mit 36 Bildern
ISBN 3-540-05835-4, ISBN 0-387-05835-4
Kart. DM 24,—

ISW 3   **Numerisch gesteuerte Mehrachsenfräsmaschinen**
Fräsbahnabweichungen aufgrund der Kinematik und Interpolation.
Von Dr.-Ing. **Jörg Eisinger**,
1972, 90 S. mit 45 Bildern
ISBN 3-540-05836-2, ISBN 0-387-05836-2
Kart. DM 24,—

ISW 4   **Rechnersteuerung von Fertigungseinrichtungen**
Beitrag zur Automatisierung der Fertigung
durch den Einsatz von Digitalrechnern.

Von Dr.-Ing. **Rainer Nann**,
1972, 125 S. mit 45 Bildern

ISBN 3-540-05911-3, ISBN 0-387-05911-3
Kart. DM 36,—

ISW 5   **Zweiachsige Nachformeinrichtungen**
Untersuchung der Lageregelung bei
einem stetigen System.

Von Dr.-Ing. **Gerhard Augsten**,
1972, 140 S. mit 71 Bildern

ISBN 3-540-05912-1, ISBN 0-387-05912-1
Kart. DM 36,—

ISW 6   **Die Automatisierung der Fertigungsvorbereitung
durch NC-Programmierung**

Von Dr.-Ing. **Bernhard Karl**,
1972, 121 S. mit 44 Bildern

ISBN 3-540-05913-X, ISBN 0-387-05913-X
Kart. DM 30,—

ISW 7   **NC-Programmiersystem**
Beitrag zur numerischen Verarbeitung eines
geometrischen Werkstückbeschreibungssystems

Von Dr.-Ing. **Helmut Eitel**,
1973, 117 S. mit 49 Bildern

ISBN 3-540-05914-8, ISBN 0-387-05914-8
Kart. DM 30,—

ISW 8 **Numerische Bahnsteuerung zur Erzeugung von Raumkurven auf rotationssymmetrischen Körpern**

Von Dr.-Ing. **Eckhard Knorr**,
1973, 130 S. mit 57 Bildern

ISBN 3-540-06464-8, ISBN 0-387-06464-8
Kart. DM 36,–

ISW 9 **Viskohydraulischer Vorschubantrieb**
Entwicklung und Erprobung

Von Dr.-Ing. **Siegfried Bumiller**
1974, 123 S. mit 66 Bildern

ISBN 3-540-06885-6, ISBN 0-387-06885-6
Kart. DM 36,–

ISW 10 **Grenzregelung an Werkzeugmaschinen**
Beitrag zur Auslegung und Bewertung von
ACC-Systemen

Von Dr.-Ing. **Klaus Maier**
1974, 140 S. mit 68 Bildern

ISBN 3-540-06886-4, ISBN 0-387-06886-4
Kart. DM 40,–

ISW 11 **NC-Programmierung**

Rechnerunterstützte Auswahl von Fräswerkzeugen

Von Dr.-Ing. **Joos Waelkens**
1974, 160 S. mit 69 Bildern
ISBN 3-540-07059-1, ISBN 0-387-07059-1
Kart. DM 44,–

In Vorbereitung: **Beitrag zur Systematik und Auslegung rechnergeführter Steuerungssysteme**

Von Dipl.-Ing. **E. Bauer**
1974, 126 S. mit 56 Bildern.